KB062928

천연 팩 & 스크럽 30

꿀광 피부를 위한 초간단 스킨케어

천연 팩 & 스크럽 30

일레인 스태버트 지음 | 김은영 옮김

Beauty Masks & Scrubs

다봄

쉽고 간단한 스킨케어 노하우

자연은 우리 피부가 원기를 회복하게 하고 주름을
없앨 수 있도록 여러 가지의 소중한 선물을 주었다.
과일과 달걀, 꿀, 우유 또는 크림을 주기적으로
이용한다면, 누구나 아름다운 피부로 가꿀 수 있다.

간단한 재료와 몇 분의 시간만 있으면 피부를 진정시키고
세정해 주고 영양을 공급할 수 있다.
하루를 마무리하는 시간에 설탕이나 엡섬 솔트로 피부를
스크럽해 보자. 먼지와 더러움을 제거해 피부가 한결
부드러워지고 아름답게 빛나는 것을 경험할 수
있을 것이다.

남들은 모르는 나만의 스킨케어 비결을 만들어 가족이나
친구들과도 공유해 보자. 나만의 천연 팩과 스크럽을
만드는 것은 결코 어렵거나 큰일이 아니다.

1

2

차례

7

8

9

10

3

4

5

6

11

12

13

14

15

16

17

18

23

24

25

26

19 20 21 22

27 28 29 30

목욕의 역사

물 없이 살 수 있는 생명체는 없다. 사람 몸의 약 75%는 H_2O로 이루어져 있고, 지역이나 문화를 불문하고 대개는 생명의 순간과 물의 연관성을 믿는다. 물 속에 몸을 담그는 목욕은 정화와 휴식의 의미 외에도 우리에게 위안과 보호, 평화와 만족의 느낌을 가져다준다. 이는 아마도 목욕을 하면서 우리가 어머니의 자궁 안에서 보호 받고 있던 때를 무의식적으로 되새기기 때문일지도 모른다.

선사 시대부터 인간과 동물은 물의 치유력을 이용해 왔다. 목욕은 오랜 세월 동안 여러 문화권에서 각기 다른 행동으로 이루어졌다. 어떤 이들은 강이나 샘, 우물이나 저수지에 들어가 온몸을 깨끗하게 씻었고, 또 어떤 이들은 발가락조차 물에 담그기를 거부했다. 물의 영적인 에너지는 자연이 가진 신성한 힘 중의 하나라고 여겼고, 그 힘은 영혼을 치유하고 정화한다고 믿어 왔다. 따라서, 물속에서 목욕을 한다는 것은 애초에 몸을 씻기 위해서라기보다는 영혼을 정화하는 종교적 의식이나 통과 의례로 시작되었다.

스파와 온천

고대 이집트인들은 욕조에서 여러 시간을 보내는 목욕 애호가들이었다. 그들은 집에 욕실을 두고 라임과 오일로 만든 향긋한 크림을 이용해 목욕을 즐겼으며, 목욕을 마친 후에는 피부를 보호하고 영양을 공급하기 위해 아로마 오일을 발랐다.

인도의 갠지스강변에서 한 남자가 힌두 의식의 하나인 아르티를 행하고 있다. 물은 지금도 여러 종교에서 중요한 역할을 한다.

고대 그리스인들에게 목욕은 일종의 사교 행사였다. 그리스 남자들은 대형 탕을 둘러싸고 반신욕을 하면서 담소를 나누거나 주사위 놀이를 하면서 음주를 즐겼다. 훗날의 로마식 목욕탕만큼 세련된 것은 아니지만, 그리스식 목욕탕에도 그와 비슷한 냉탕과 온탕이 갖추어져 있었다. 부유한 상류층 사람들은 체육 시설에서도 목욕을 즐길 수 있었다. 야외 운동장에서 운동을 한 후, 목욕탕에서 근력을 회복하고 피로를 풀었다. 그리스 남자들은 운동을 하기 전에 기름과 흙을 맨몸에 바르고 구기 운동을 하거나 레슬링을 했다. 운동이 끝나면 반원 모양으로 구부러져 있는 스트리질이라는 금속 목욕 도구를 이용해 탕이나 욕조에 들어가기 전에 몸에 발랐던 흙과 땀 그리고 기름기를 제거했다. 비누가 널리 쓰이기 전에는 이런 방법이 가장 일반적인 목욕법이었다.

헝가리 부다페스트의 한 온천탕 모습. 남성들은 이렇게 대중목욕탕에서 사교적인 모임을 즐겼다.

고대 사회에서도 남성들만 목욕을 즐긴 것은 아니었다. BC 340년 무렵 제작된 위의 도자기 그림을 보면, 두 여성이 그리스 신화에서 사랑의 신으로 알려진 에로스가 서 있는 분수대 옆에서 목욕을 하고 있다.

로마인들의 목욕

그리스인들의 목욕이 교육과 스포츠에 초점을 두었던 반면, 로마인들의 목욕과 온천욕은 그야말로 목욕과 사교, 휴식과 쾌락 등 일상에서 빠질 수 없는 한 부분을 이루었다. 모든 계층, 모든 연령층의 사람들, 부자와 빈자, 노예와 주인 가릴 것 없이 친구들과 어울려 목욕탕에서 여러 시간을 보내며 교류했다. 목욕을 무척이나 좋아했던 로마인들은 유럽의 구석구석을 정복하면서 어디에든 목욕탕을 지었다. 그중 하나가 잉글랜드의 유명한 목욕 도시, 바스였다. 부유한 로마인들 중 상당수가 공중목욕탕을 사용하면서도 자기 집에 따로 목욕탕을 갖추고 있었다.

로마인들은 목욕 문화를 크게 발전시켰다. 몸에 물을 끼얹고, 몸을 물에 푹 담그고, 증기탕을 즐기거나 몸에 오일을 바르는 것은 로마인들의 일상에서 한 부분을 차지했다. 당시에 저술된 의학 서적들도 언제 찾아올지 모르는 미지의 질병을 예방하거나 치료하기 위해 위생적인 생활 습관을 가질 것을 장려했다. 이러한 서적들은 목욕에 대해서도 자세하게 다루었다.

완쪽: '라벤더'라는 말은 '씻는다'는 뜻의 라틴어 '라바레'에서 왔다. 고대 그리스인들과 로마인들은 목욕물에 향을 내기 위해 라벤더를 즐겨 이용했다. 라벤더는 오늘날의 스킨케어에서도 가장 대중적인 향으로 쓰인다.

오른쪽: 해면과 스트리질(1879). 빅토리아 시대의 화가 로렌스 알마 타데마의 그림이다. 고대 로마의 목욕탕에서 목욕을 즐기고 있는 여성들을 보여 준다. 오른쪽 여성이 전통 목욕 도구인 스트리질을 사용하고 있다.

따라서 모든 사람이 치료를 위한 목욕을 중요하게 생각했다. 의사들은 질병에 따라서 냉탕이나 증기탕, 한증막 등을 처방했다. 마사지사들도 목욕탕에서 예방 치료의 하나로 서비스를 제공했다. 로마인들은 건강과 목욕의 관련성을 이해하고 있었다.

공중목욕탕은 로마 제국의 멸망 그리고 기독교의 확산과 함께 점차 내리막길을 걷기 시작했다. 당시의 교회는 공중목욕탕에서

매우 복잡한 구조를 보여 주는 폼페이 목욕탕의 평면도. 고온탕, 온탕, 냉탕뿐만 아니라 여성과 하인용 공간이 별도로 배치되어 있다.

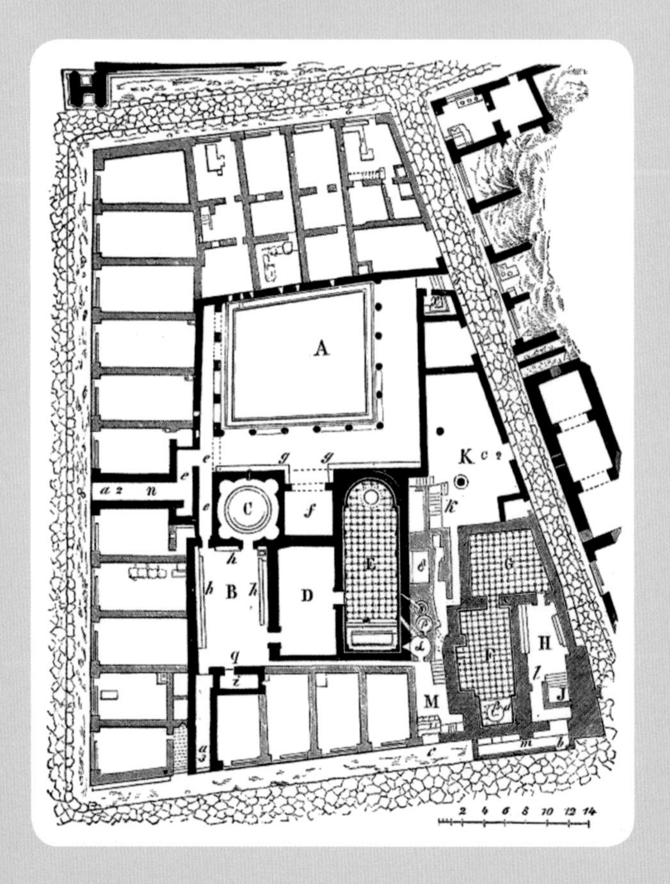

벌어지는 퇴폐적인 행동이 질병을 퍼뜨릴 뿐만 아니라 도덕성을 훼손한다고 믿었다. 기독교인들은 수많은 공중목욕탕을 폐쇄하는 데 발벗고 나섰으며, 결국 공중목욕탕은 사라지고 말았다.

바스 스파

잉글랜드의 도시 바스는 미네랄 성분이 풍부한 세 곳의 온천을 중심으로 세워졌는데, 이 온천들에서는 8천 년 전부터 인간의 활동이 있었음을 보여 주는 고고학적 증거들이 발견되기도 했다. 뜨거운 김이 솟아오르는 습지라면 인간이 살기에는 매우 적당하지 않은 곳이었을 것이다. 따라서 그 이전에는 사람은 거의 살지 않던 곳이었다. 전설에 따르면, 나병에 걸린 블래더드 왕자가 치유력을 가진 이곳의 온천물로 목욕을 하고 병을 고쳤다고 한다. 왕자는 건강을 되찾은 것을 매우 기뻐하며 BC 863년에 이곳에 도시를 세웠다.

AD 43년 무렵 로마인들이 바스를 발견하여 저수지를 갖춘 치유의 전당과 여러 곳의 온천 및 사원을 지어 여신 술리스 미네르바에게 바쳤다. 영국 전역은 물론 유럽에서도 이 온천으로 사람들이 몰려들었다. 뿐만 아니라 왕족과 귀족들도 류머티즘, 통풍, 요통, 좌골신경통, 신경염 등의 통증을 치료하기 위해 바스를 찾았다.

17세기 초에는 잉글랜드도 턴브리지 웰스, 엡섬, 해러게이트 등에서 온천을 열었다. 1707년에 윌리엄스 올리버 박사가 쓴 《바스 온천수의 실용 연구》가 출판되면서 온천욕은 더욱 인기를 끌게 되었다.

위 왼쪽: 영국의 바스에 있는 로마식 목욕탕. 역사에 대한 열정이 깊었던 빅토리아인들은 이 목욕탕을 더욱 확장하고 로마 황제들의 조각상을 세웠다.

위 오른쪽: 전설 속의 왕 블래더드의 조각상이 켈트족의 여신 술리스 미네르바의 이름을 딴 세이크리드 풀 오브 술리스(Sacred Pool of Sulis)를 내려다보고 있다.

아래: 영국 바스의 온천에 있는 고온탕의 지하. 뜨거운 공기가 고온탕의 바닥을 지지하는 기둥 사이를 순환하도록 되어 있다. 언더플로어 히팅의 초기 형태 중 하나이다.

공중 온천탕

20세기 말 무렵, 바스의 로마식 목욕탕과 펌프 룸(지하에서 끌어올린 광천수를 마실 수 있도록 펌프가 설치되어 있는 방-옮긴이)은 영국의 관광 명소가 되었다. 공중 온천탕에 대한 관심이 다시 집중되기 시작하자 치료용 온천 시설을 개장할 필요성이 새롭게 부각되었고, 2006년에 2천 년 전 전통과 조화를 이룬 현대적인 시설의 공중 온천탕이 문을 열었다. 이 온천탕에서는 킹즈 스프링, 힐링 스프링, 크로스 스프링 등에서 올라오는 미네랄이 풍부한 고온의 온천수를 사용한다. 현대적인 뉴 로열 바스의 최신식 옥상 풀에서는 역사적인 도시 바스를 굽어보며 온천욕을 즐길 수 있다.

공중 온천탕을 짓는 과정에서 더 많은 온천수를 확보하기 위해 집중적인 착암 공정이 진행되었다. 기원은 여전히 신비에 가려져 있지만, 이곳의 온천수에는 42종의 미네랄과 황산염, 칼슘. 염화물, 중탄산염, 마그네슘, 실리카, 철 등의 미량 원소가 포함되어 있는 것으로 밝혀졌다. 온천수의 온도와 유량은 계속 모니터링되고 있으며 미세한 변화 외에는 거의 일정하게 분출량이 유지되고 있다.

공중 온천탕에서는 매우 독특한 경험을 즐길 수 있다. 영국인이든 외국 관광객이든 고대 온천의 역사가 살아 있는 영국 공중 온천탕의 원조이자 유일한 천연 온천탕에서 치유력을 가진 천연수에 몸을 담그고 온천욕을 즐길 수 있게 되었다.

온천

온천수의 온도는 주변의 대기보다 훨씬 뜨겁다. 이 물은 열의 근원지인 지각 아래 깊숙한 곳까지 스며들었다가 여러 가지 기체와 중요한 미네랄 성분을 품고 지표면으로 다시 떠오른다. 미네랄이 풍부한 온천수는 종종 정화 과정을 거친 뒤 병에 담아 미네랄 워터로 판매되거나 치유력을 이용하기 위해 목욕용으로 쓰이기도 한다.

지열에 의해 뜨겁게 데워진 블루 라군(아이슬란드, 레이캬비크)의 해수. 몇몇 종류의 피부 질환에 효험이 있다고 알려져 전 세계로부터 관광객들이 찾아온다.

미국 미시건주의 마운트 클레멘스라는 작은 마을에 있던, 지금은 사라진 한 목욕탕의 광고. 목욕탕이 한창 유행하던 시절에는 이 마을에서 23개의 목욕탕과 호텔이 성시를 이루었다. 그러나 2차 세계 대전과 함께 내리막을 걷기 시작했고, 사람들이 점점 더 멀리 이국적인 장소로 여행을 가기 시작하면서 잊혀 버렸다.

아이슬란드는 왕성한 화산 활동과 간헐천, 온천으로 유명한 나라이다. 레이캬비크 근처의 유명한 지열 온천탕인 블루 라군의 유황 성분 풍부한 파란색 온천수는 소금, 실리카 그리고 수중의 조류 덕분에 매끈거리는 느낌을 준다. 블루 라군에서 온천을 즐기다 보면, 몸과 마음이 편안해지고 피부에는 영양이 공급되며 세정과 각질 제거 그리고 상처를 치유하는 효과까지 누릴 수 있다. 이 온천수는 스트레스와 긴장을 풀어 줄 뿐만 아니라 피부 질환에도 큰 효과가 있다고 알려져 있는데, 그중에서도 건선에 특별한 효험을 보인다고 한다

스파

스파는 물을 이용하여 신체 전반에 걸친 일대일 방식의 치료법을 제공하거나 다양한 통증을 예방 또는 경감시키기 위한 치료를 제공하는 휴양 시설이다. 여기서의 치료에는 일반적으로 마사지, 바디 랩, 안면 마사지, 영기 요법, 아로마테라피, 워터 테라피, 반사 요법, 침술 등이 포함되기도 한다. 평온하고 조용한 환경 역시 몸과 마음의 균형을 되찾고 스트레스를 풀며 건강한 삶과 평화를 찾는 데 도움을 준다.

1차 세계 대전이 끝난 후, 수천 명의 부상병들이 바스를 비롯한 영국의 여러 온천 도시에서 재활 치료를 받았다. 1948년, 보건 당국에서 온천 설비를 지어 처방에 따른 스파에서의 치료 서비스를 제공하기 시작했다. 국립 보건국이 설립되고 무상 의료 서비스가 실시되자 스파에 대한 관심은 차츰 줄어들었고, 하나둘씩 문을 닫기 시작했다.

그러나 최근 들어 스파와 스파의 효과를 더욱 강화시켜 주는 여러 가지 치료법들이 등장하면서 스파는 다시 한번 주목을 받고 있다. 저렴해진 항공기 여행 경비와 늘어난 여가 시간 덕분에 많은 사람들이 이국적인 장소에서 천연 온천을 즐길 수 있게 되었다. 건강한 삶을 추구하는 수많은 관광객들이 매년 이스라엘의 사해는 물론, 뷰티 살롱 형태의 독특한 '스파'를 갖고 있는 동유럽 여러 도시의 전통 목욕탕에 몰려들고 있다.

그러나 스파 스타일로 치유의 시간을 즐기기 위해 꼭 적금 통장을 깰 필요는 없다. 몇 가지 재료와 '나를 위한' 잠깐의 시간을 낸다면, 집에서도 편안한 치유의 시간을 가질 수 있다.

고대 이집트의 미

고대 사람들이 간직했던 미의 비결은 무엇이었을까? 화학 물질로 범벅이 된 크림과 로션, 영원불멸의 미를 약속하는 대가로 고액의 가격표를 붙인 온갖 기적의 화장품들로 가득찬 세상에서, 우리가 옛날 사람이 갖고 있던 미의 비결을 재창조할 수 있을까?

고대 이집트인들은 피부와 몸을 가꾸는 데 막대한 투자를 했던 것으로 알려져 있다. 고대 이집트인들은 외모에 큰 관심을 가졌고, 고가의 향수와 화장수로 피부를 향기롭게 만들었다. 식물성 오일과 추출물을 써서 피부를 매끄럽게 하고, 오늘날의 화장법과 비슷한 방법으로 몸을 가꾸었다.

물론 고대 이집트에 대량으로 생산된 화장수를 병에 담아 파는 화장품 회사가 있었던 것은 아니다. 대신에 고대 이집트인들은 나라 안에서 구할 수 있거나 다양한 무역 경로를 통해 외국에서 들어온 재료들을 가지고 필요한 것을 만들어서 썼다. 허브, 식물, 향료, 꽃, 고무, 송진, 식물성 기름과 동물성 지방 등이 수많은 향수와 연고(피부를 진정시켜 주는 식물성 연고나 고약, 치료나 성관계를 위한 약품으로 사용된)를 만드는 데 쓰였다.

이집트 사막의 건조한 열기 때문에 상하기 쉬운 피부를 부드럽고 매끈하게 유지하기 위해서는 오일이 필수품이었다. 노동자들조차도 급료의 일부를 향기가 없어 그다지 비싸지 않은 식물성 오일로 받았을 정도였다.

고대 이집트의 유명한 미녀였던 클레오파트라 여왕

위: 미네랄과 연고 등을 담았던 것으로 보이는 여러 종류의 용기들. 고대 이집트의 무덤에서 발견된 부장품이다.

아래: 이스라엘 하이파의 헥트 박물관에 있는 고대 이집트인들의 화장품용기

클레오파트라 여왕과 당대의 많은 여성들은 꿀과 소금으로 피부를 가꾸었으며, 오일과 초크 가루를 섞어 만든 오늘날의 스크럽이나 팩과 비슷한 크림으로 세정을 하거나 각질을 제거했다. 목욕을 할 때 AHA(Alpha Hydroxy Acids)가 풍부한 우유를 섞기도 했다. AHA는 피부 각질 제거와 세정에 있어서 매우 이상적인 성분이다. 실제로 우유를 세안이나 목욕할 때 써 보면 그 결과에 놀랄 것이다. 이런 유명한 레시피들은 오랜 세월 전승되어 내려와서 오늘날까지도 쓰이고 있다.

고대 이집트의 여인들은 독특한 화장술로 자신의 몸을 가꾸었다. 특히 크기와 형태를 강조하는 눈 화장에 치중했다. 람세스 2세의 왕비 네페르타리의 무덤 벽화를 보면, 광대뼈 위의 짙은 색조가 화장을 했었다는 것을 말해 준다. 붉은색은 주로 사막에서 채취한 광물성 안료인 적토로부터 얻었다. 적토 외에도 여러 가지 광물질로 몇 가지의 색깔을 냈다. 녹색은 탄산구리가 주성분인 공작석과 방연석으로부터, 검은색은 납황화물로부터 얻었다. 화장용 먹은 검댕에 정착제를 섞어서 만들었다.
오늘날에도 광물 성분의 화장품이 유행을 타고 있는 것을 보면, 아마도 유행이란 돌고 도는 것이라는 말이 맞는 듯하다.

젊음을 최대한 오래 유지하려고 노력하는 것은 인간의 본능이지만 완벽하게 노화를 막을 수는 없다. 그러나 매일 5분의 시간과 오이, 딸기, 토마토 같은 과채의 자투리, 한두 숟가락의 우유나 요거트를 피부에 투자한다면 아름다움을 더욱 빛나게 하고 주름살을 최소화하면서 피부를 부드럽고 매끄럽게 유지할 수 있다.

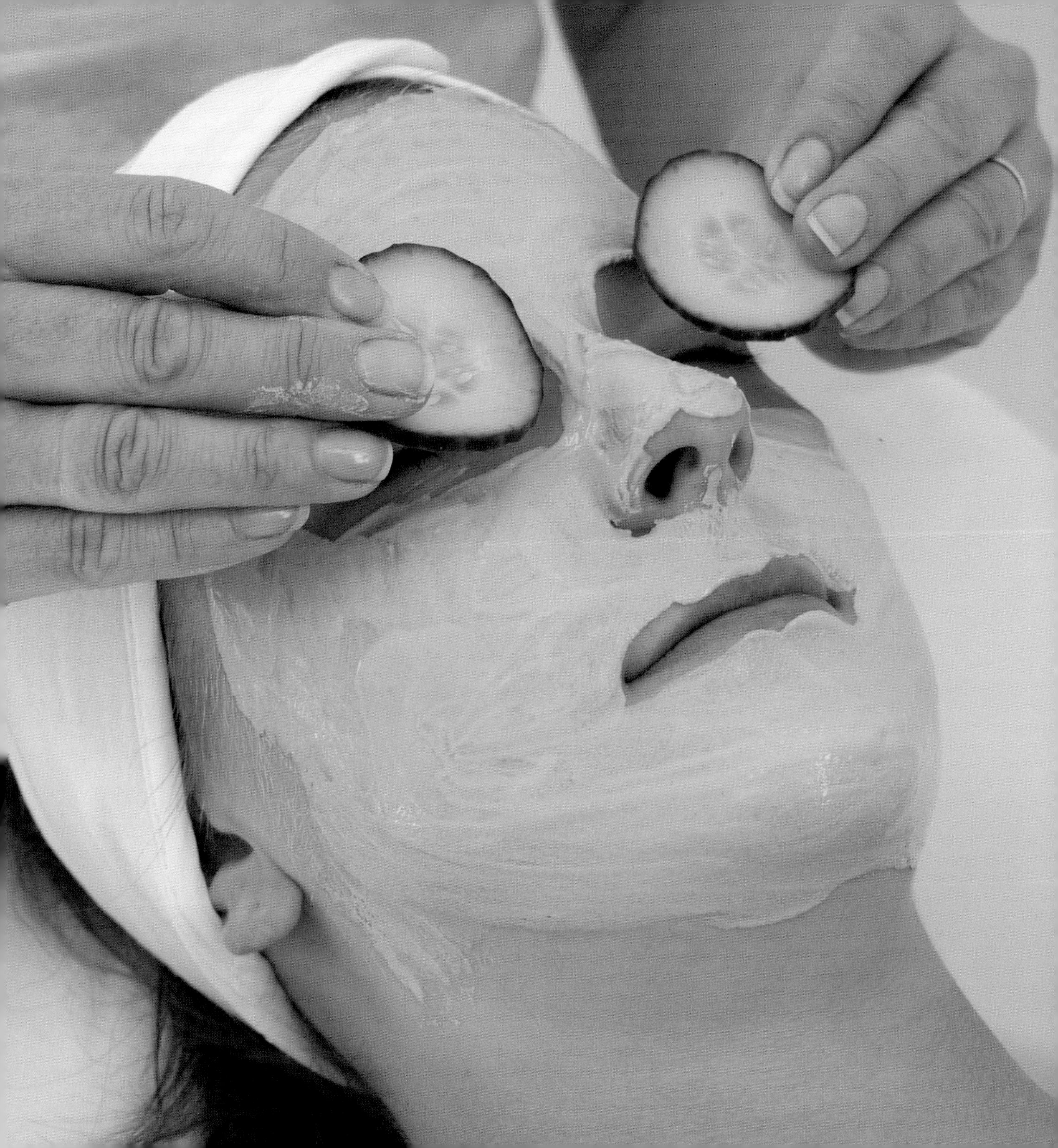

기초 테크닉

도구와 재료

이 책의 레시피를 따라하는 데 복잡한 도구는 필요하지 않다. 잘 살펴보면 이 레시피에 필요한 도구들은 이미 주방에 있는 것들이다. 필요한 재료들도 온라인 주문으로 얼마든지 구할 수 있다. 망설이지 말고 시작해 보자.

플라스틱 이외의 재질로 만들어진
계량컵
저울
계량 스푼
싱싱한 과일과
채소
작은 접시
거품기
스푼
주방용 칼
소금
허브와 향료
주서

페이스 스크럽, 바디 스크럽

스크럽은 깜짝 놀랄 정도로 만들기 쉽다. 주방에 있는 간단한 재료들을 써서 금방 만들 수 있다. 하지만 죽은 세포를 제거하고 막힌 모공을 뚫어 주고 피부의 혈액 순환을 도와주는 등 효과는 뛰어나다. 스크럽으로 생기있고 건강한 피부를 되찾아 보자.

스크럽이란?

스크럽(또는 폴리시)은 약간 거친 천연 성분 또는 원료의 입자가 오일과 같은 연화제 속에 고르게 떠 있는 일종의 혼합물 현탁액이다. 이 혼합물을 몸에 바르며 마사지를 하거나 문지르면 각질이 제거되거나 죽은 피부 세포가 함께 씻겨 나간다. 잘 문지른 후 물로 씻어 내면 부드럽고 새로운 피부 세포층과 비단결처럼 매끄러운 피부가 드러난다. 스크럽에 들어 있는 오일은 보습 작용으로 피부를 건강하게 해 주고, 연마제는 몸에 활기를 북돋아 혈관계와 림프계의 순환을 촉진한다.

스크럽의 효과

세정과 각질 제거

바디 스크럽에 들어 있는 천연 연마제 성분들은 죽은 피부 세포와 표피층의 오염 물질이나 피지를 벗겨 내 준다. 따라서 막혀 있던 모공이 열리면서 더 깊고 건강한 피부층이 드러나 피부가 더 깨끗하고 건강하고 젊어 보이게 된다.

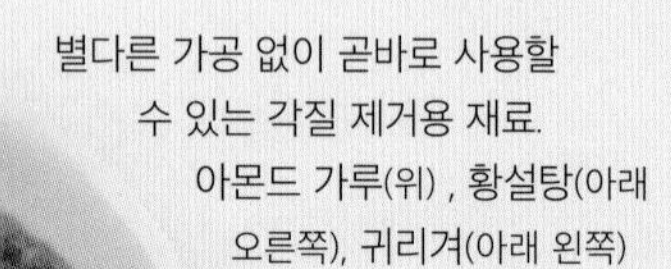

별다른 가공 없이 곧바로 사용할 수 있는 각질 제거용 재료. 아몬드 가루(위), 황설탕(아래 오른쪽), 귀리겨(아래 왼쪽)

보습

시판용 스킨케어 제품에 들어 있는 굵고 거친 입자들은 사람의 몸에서 자연적으로 생겨나는 유분을 빼앗아 가서 피부를 지나치게 건조하게 만들거나 가려움증을 유발할 수도 있다. 반면에 오일을 베이스로 만든 바디 스크럽은 건조해서 각질이 일어나 있거나 갈라진 피부에 수분과 영양을 공급해 준다. 바디 스크럽의 좋은 재료가 될 만한 오일은 굉장히 많고, 78쪽에서부터 어떤 오일들이 있는지 찾아볼 수 있다.

셀룰라이트는 없애고 순환은 도와주고

바디 스크럽으로 셀룰라이트를 없앨 수도 있다. 셀룰라이트는 우리 몸에서 마치 오렌지 껍질처럼 울퉁불퉁하고 옴폭 들어간 자리들이 여럿 나타나 있는 부분을 말하는데, 피부 표면 아래에 쌓인 지방이 원인이다. 셀룰라이트가 형성된 부분에 바디 스크럽을 열심히 문질러 주면, 피부 아래의 혈액 순환이 활발해지면서 셀룰라이트가 사라지고 대신 탄력 있고 매끄러운 피부가 되살아난다.

아로마테라피

바디 스크럽을 쓸 때 아로마테라피 오일은 긴장을 완화시켜 주거나 필요한 자극을 주는 치유의 효과가 있다. 에센셜 오일에 대한 더 자세한 정보는 67쪽에서 볼 수 있다.

스크럽을 사용해야 할 때

- 피부의 광채와 건강을 유지하기 위해서는 주 1회 또는 주 2회 정도 주기적으로 바디 스크럽을 사용한다. 그보다 더 자주 사용하는 것은 피한다. 스크럽이 새 피부 세포를 손상시킬 수 있기 때문이다. 민감성 피부일 경우에는 입자가 큰 연마제보다는 곡물 가루나 입자가 고운 설탕 또는 소금을 사용하도록 한다.
- 다리 왁싱을 하기 전에 스크럽을 해 주면 죽은 세포를 제거해 제모를 쉽게 해 준다.
- 셀프 태닝을 하기 전에 스크럽을 해 주면 죽은 세포가 제거되어 피부 결이 매끈해지기 때문에 결과적으로 더 고르게 태닝의 효과를 볼 수 있다.
- 뜨거운 여름철에 햇빛에 노출된 피부는 금방 메마르고 푸석푸석해진다. 이럴 때 바디 스크럽을 해 주면 피부의 윤기를 회복시킬 수 있다. 하지만 일광 화상을 입은 피부에는 바디 스크럽을 하지 않는 게 좋다.
- 바디 랩이나 머드 트리트먼트를 하기 전에 바디 스크럽을 해 주면 피부의 모공을 열어 랩이나 트리트먼트의 효과를 더 강화시킬 수 있다.
- 피부색을 밝고 균일하게 유지하기 위한 규칙적 피부 관리의 일환으로, 또는 페이스 팩을 하기 전에 바디 스크럽을 해 준다.

스크럽의 성분

각질 제거제

스크럽의 거칠거칠한 질감을 내는 주인공이다. 천일염이나 설탕, 곡물 가루, 씨앗, 커피 가루 등 천연 재료를 각질 제거에 이용할 수 있다. 스크럽은 어떤 효과를 원하느냐에 따라 질감이나 강도를 다양하게 활용할 수 있다. 예를 들어 소금처럼 거칠고 굵은 입자는 예민한 얼굴 피부에 쓰기에는 부적합하다. 반면에 곡물 가루 같이 부드러운 재료는 발바닥처럼 단단한 피부에 쓰기에는 적당치 않다. 여러 가지 각질 제거용 재료와 사용법은 42-47쪽을 참조하자.

오일 또는 에몰리엔트(연화제)

드라이 스크럽을 만드는 게 아니라면 스크럽에 오일을 첨가할 필요가 있다. 오일은 각질 제거용 재료가 피부에 닿았을 때 잘 미끄러지도록 해 주는 윤활제 역할을 한다. 오일이 없으면 스크럽이 메마르고 거칠어서 결과적으로 피부에 손상을 줄 수 있다. 스크럽에 사용할 수 있는 여러 가지 오일에 대한 정보는 67쪽부터 시작되는 에센셜 오일 파트에서 확인하자.

허브

인삼이나 녹차, 컴프리 등 허브 가루는 스크럽에 또 다른 치유의 효과를 가미시켜 준다. 허브 가루는 피부의 건강을 유지하거나 통증을 완화시키는 데 도움을 준다. 허브에 대해서는 54-59쪽을 참조한다.

클레이와 머드

여러 종류의 클레이 또는 머드도 스크럽에 이용할 수 있다. 이런 재료들은 피부를 세정하고 독성 물질을 흡착해 제거하며 영양 성분이 풍부한 미네랄을 공급해 피부의 결을 한결 부드럽고 매끄럽게 한다.

과일과 채소

여러 종류의 과일과 채소, 이를테면 딸기나 토마토 같은 재료들은 피부의 죽은 세포를 제거해 준다. 신선한 과일 또는 분사 건조시킨 후 가루 형태로 만든 과일도 쓰일 수 있다. 과일과 채소에 대해서는 64-66쪽의 정보를 참조한다.

에센셜 오일

아로마테라피(에센셜) 오일의 치유 효과는 이미 오래전부터 널리 알려져 있다. 에센셜 오일은 해독, 연화, 자극 등 다양한 효과를 보인다. 원하는 스크럽의 목적에 적합한 에센셜 오일을 찾기 위해서는 77쪽을 참조하자. 프래그런스 오일도 향기를 위해 첨가할 수 있지만, 특별한 효과는 기대할 수 없다.

망고 가루

드라이 스크럽 만들기

드라이 스크럽

1 건조 상태의 재료들을 무게 또는 부피로 계량한 후, 믹싱 볼에 함께 담는다.

2 스푼이나 거품기로 재료들을 잘 섞는다.

3 밀폐 용기에 보관하거나 즉시 사용하려면 물이나 우유, 오일 등의 액티베이터(활성제)를 섞어 사용한다.

오일 베이스 스크럽 만들기

오일 베이스 스크럽

1 오일 재료들을 계량하여 에센셜 오일 또는 프래그런스 오일과 혼합한다.

2 천일염, 설탕, 커피 가루 등 각질 제거를 위한 재료들을 계량한다.

3 각질 제거용 재료와 오일을 함께 섞는다.

4 원하는 다른 재료가 있으면 섞는다.

5 잘 섞어서 용기에 담아 보관한다.

다른 방법

위의 방법 외에도 용기에 각질 제거용 재료와 오일을 넣어서 섞는 방법도 있다. 만들어 둔 스크럽을 오랫동안 보관했을 경우에는 각질 제거용 재료 위로 오일 막이 보일 정도까지 오일을 더 첨가하면 된다.

스크럽 사용법

알러지가 있거나 민감성 피부를 가진 사람이라면 어떤 스크럽이나 팩이든 사용하기 전에 반드시 패치 테스트를 해서 부작용이 없는지 확인해야 한다.

바디 스크럽

바디 스크럽은 피부를 깨끗하게 세정한 뒤 물기가 마르기 전 젖은 상태에서 사용하는 것이 가장 좋다. 욕조에 서서 두 손으로 스크럽을 문지른다. 다리에서부터 시작해 허벅지와 엉덩이 순서로 원을 그리듯이 마사지한다. 복부를 문지를 때에는 시계 방향으로 부드럽게 문질러야 소화를 방해하지 않는다. 심장과 목을 향해 위쪽으로 올라오면서 스크럽을 문지른다. 물로 깨끗하게 씻어 낸 뒤, 보습제나 로션을 발라 마무리한다.

얼굴에도 사용할 수 있도록 특별히 만든 것이 아닌 한, 얼굴에는 바디 스크럽을 사용하지 않는다. 바디 스크럽에 든 각질 제거제는 얼굴 피부에는 너무 거칠 수도 있기 때문이다.

각질 제거용 바디 스크럽

페이스 스크럽

헤어 밴드나 핀으로 머리카락을 얼굴에 닿지 않게 잘 정리한다. 화장을 깨끗하게 지우고 세안한 후, 피부가 아직 젖어 있는 상태에서 목과 턱 부분에서부터 스크럽을 시작한다. 위와 바깥쪽을 향해 부드럽게 원을 그리며 뺨을 향해 마사지한다. 입술에는 스크럽이 닿지 않게 한다. 블랙헤드가 생기거나 모공이 막혀 있기 쉬운 코 주변의 좁고 오목한 틈새도 잘 마사지한다. 마지막으로 관자놀이와 이마까지 마사지하되 눈꺼풀은 피한다. 눈을 감은 상태에서 물로 부드럽게 씻어 낸다. 이후에 페이스 팩을 사용하면 좋다. 보습제로 마지막 마무리를 한다.

주의: 스크럽을 한 후에는 피부가 따갑거나 자극이 심할 수 있으므로 면도나 알콜 성분이 든 수렴제는 피한다.

핸드 스크럽

매주 또는 2주에 한 번쯤 손의 각질을 제거할 수 있도록 주방 싱크대 주변에 핸드 스크럽을 두고 쓰는 것도 좋은 아이디어이다. 젖은 손에 스크럽을 문질러 주고 따뜻한 물로 씻어 내면 된다.

풋 스크럽

따뜻한 물에 발을 5-10분 정도 담가서 발이 따뜻하고 부드러워지면, 발바닥과 발꿈치, 발목과 발가락에 스크럽을 문질러 준다. 욕조에 몸을 담그고 목욕을 할 때에는 다리를 물 밖으로 들고 스크럽을 해도 좋다. 샤워를 하면서 선 채로 풋 스크럽을 할 때는 미끄러져 넘어지지 않도록 주의한다.

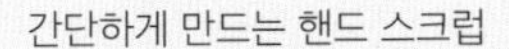

간단하게 만드는 핸드 스크럽

소금을 베이스로 한 각질 제거용 풋 스크럽

팩과 랩

페이스 팩이나 바디 팩은 뷰티 살롱이나 스파에서 제공하는 여러 가지 트리트먼트 중에서도 고가에 속한다. 하지만 쉽게 구할 수 있는 건조 재료나 싱싱한 재료들을 가지고 큰돈을 들이지 않고도 만들 수 있다. 여기에 쓰이는 재료들 중 상당수는 과일이나 달걀, 식물성 오일, 말린 식료품, 꿀 등 보통 가정의 냉장고나 수납장에 보관 또는 저장되어 있는 것들이다.

팩은 미네랄이나 비타민 등의 영양 성분이 충분한 재료들의 혼합물이다. 꼭 얼굴에만 쓰이는 것도 아니다. 팩은 피부를 깨끗하게 하고 부드럽게 하며 모공이 늘어지지 않게 하면서 동시에 과도한 피지를 제거하고 영양분도 공급한다. 싱싱한 재료로 만들 수도 있지만, 클레이나 허브 가루, 분무 건조된 과일 또는 분유도 좋은 재료가 된다.

페이스 팩의 효과

페이스 팩의 효과는 사용하는 재료에 따라 달라진다. 여러 가지 재료들이 피부 깊숙한 곳까지 깨끗하게 하고 건강한 피부를 만들며, 수분을 보충하고 각질을 제거한다.
더 나아가 피부의 톤을 정돈하고 햇빛에 탄 피부를 진정시키며 건조한 피부에는 보습 효과를 준다. 또 어떤 재료들은 여드름이나 상처, 색소 침착을 치료하는 데 도움을 주고 혈액 순환을 원활하게 하고 림프계를 자극한다. 뿐만 아니라 블랙헤드, 화이트헤드, 점, 기미 등을 없애 피부를 밝고 화사하게 하고 탄탄하고 건강한 피부를 유지하는 데 도움을 준다.

팩을 사용해야 할 때

- 매주 한 번 팩을 사용해 주면 피부를 건강하고 매끄럽게 유지하는 데 도움이 된다. 주기적으로 꾸준히 팩을 사용하면 그저 좋은 피부와 정말로 환상적인 피부의 차이를 체감할 수 있다.
- 일상에서 큰 스트레스를 겪어 그 압박이 피부에 드러날 때
- 중요한 행사나 모임을 위해 피부 상태를 개선해야 할 필요가 있을 때. 그러나 중요한 일정을 앞두고 써 보지 않았던 팩을 처음 사용하는 것은 자제하는 것이 좋다. 팩을 하고 다음 날 아침 눈을 떴을 때 알레르기 반응 때문에 피부가 엉망이 되어 있다면 얼마나 황당하겠는가.

주의: 피부에 벤 상처가 있거나 감염이 있을 때, 또는 유달리 민감한 피부인 사람에게는 페이스 팩을 권장하지 않는다.

여러 가지 타입의 팩

피부 타입에 따라 어울리는 다양한 종류의 팩이 있다. 자신에게 맞는 팩을 결정하려면, 피부 타입과 사용 목적을 고려해야 한다. 기본적으로 다음과 같은 타입의 팩이 있다.

클레이

클레이 팩은 피부의 불순물들을 흡착해 깊숙한 곳까지 깨끗하게 세정하는 데 특히 좋은 팩이다.

달걀

달걀흰자는 다른 재료를 혼합해 사용할 때 베이스로 쓰기에 아주 좋은 재료이다. 달걀노른자는 건조한 피부에 보습과 영양을 공급한다.

유제품

전지우유, 크림, 요거트 등에 들어 있는 천연의 약산성 물질들은 피부를 부드럽게 세정하고 각질을 제거하며 부드럽고 매끄러운 피부를 만든다.

과일과 채소

싱싱한 과일 뿐만 아니라 말린 과일 속의 효소들은 부드럽게 각질을 제거하고 다양한 비타민은 피부를 밝고 화사하게 만들어 준다. 레몬처럼 구연산이 많이 함유된 과일은 지성 피부에 특히 좋고, 오이는 진정 작용과 함께 피부 톤을 깨끗하고 균일하게 정리한다. 아보카도는 보습 효과가 뛰어나다.

꿀

꿀은 항박테리아, 살균, 항진균, 보습 작용을 하기 때문에 팩의 베이스로 아주 요긴하다. 꿀을 베이스로 한 팩에 다른 재료들을 혼합하면 효과를 더욱 강화시킬 수 있다.

허브

허브는 심하지 않은 여러 가지 통증들을 완화하는 치유의 효과를 누릴 수 있다. 녹차, 레몬 껍질, 페퍼민트 등 많은 허브들을 가루 형태로 구할 수 있다.

해초

항염증 작용으로 치유와 해독 작용을 하는 해초 바디 랩이나 페이스 팩은 고급 스파나 뷰티 살롱에서도 매우 고가의 트리트먼트에 속한다.

초콜릿(코코아 가루)

초콜릿 안에 들어 있는 코코아 알갱이에는 세포의 손상을 막는 데 도움을 주는 항산화제의 함량이 매우 높다.

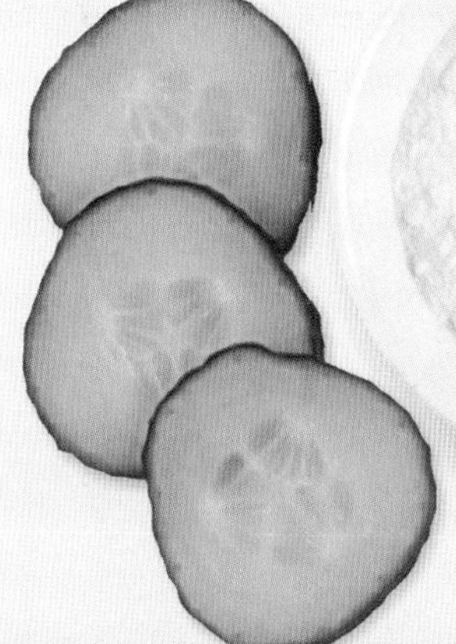

버터밀크 가루와 오이 슬라이스. 싱싱한 생재료나 건조 재료 모두 팩을 만드는 데 좋은 재료가 된다.

액티베이터

건조 상태 또는 가루 형태의 팩을 피부에 밀착시키기 위해서는 오일이나 물 같은 액상의 재료를 첨가해 진한 페이스트 상태로 만들어 사용해야 한다. 이렇게 첨가되는 액상의 재료를 '액티베이터'라고 하며, 물, 과일 주스, 우유, 크림, 요거트, 오일, 마사지 오일, 꿀, 소금물 등이 쓰인다.

어떤 액티베이터를 선택할 것이냐는 사용할 사람의 피부 타입이나 개인적인 선호도에 따라 달라진다. 액티베이터에 대한 자세한 정보는 40쪽부터 설명되는 재료들을 참고한다.

적당한 사용량

액티베이터의 양은 팩을 만드는 데 쓰인 재료의 종류, 점성(예를 들면, 액티베이터로 꿀을 쓰려면 물을 쓸 때보다 많은 양이 필요하다.), 개인적인 기호에 따라 달라진다. 아주 점도가 높아 되직한 팩을 좋아하는 사람도 있고 흘러내릴 정도로 묽은 팩을 선호하는 사람도 있다.

일반적으로 드라이 페이스 팩 1회 사용량(티스푼으로 수북하게 하나 정도 할 경우 약 5ml 정도가 된다.)에 ½-1½ 티스푼(2.5~7.5ml) 정도의 액티베이터가 적당하다. 손, 발, 다리, 헤어 또는 바디 랩의 경우 건조 또는 가루 재료의 양에 따라 충분한 점도가 나올 만큼의 액티베이터를 첨가하도록 한다. 하지만 클레이를 비롯해서 몇몇 종류의 재료들은 수분 흡수량이 다른 재료들보다 크기 때문에, 원하는 점도가 나올 때까지 조금씩 액티베이터를 추가하는 것이 좋다. 액티베이터를 섞는 이유는 팩이 피부에 밀착될 수 있을 만큼 적당한 점도의 부드러운 페이스트를 만들기 위한 것이다.

드라이 팩 혼합물에 첨가하는 액티베이터

주의: 드라이 팩과 혼합한 후 줄줄 흘러내릴 정도가 되면 액티베이터의 양이 지나치게 많은 것이다. 재료에 따라서는 사용하기 전에 10-20분 정도 혼합물을 그대로 두고 과도한 수분이 건조한 재료에 흡수될 수 있도록 기다리면, 점성이 증가해서 적당한 농도를 얻을 수 있다.

적당량의 액티베이터로 알맞은 농도가 되었으면, 적어도 10분 이내에 팩을 사용하는 것이 좋다. 그 이상 방치하면 팩이 굳어 버리거나 부패할 수도 있다. 따라서 사용할 때마다 적당한 양만큼씩 혼합해서 사용해야 한다.

드라이 팩 또는 랩 만들기

간단하게 만든 드라이 팩. 용기에 담아 보관한다.

1 클레이나 허브 가루, 과일 가루, 분유 등 건조한 가루 재료들을 계량해서 그릇에 담는다.

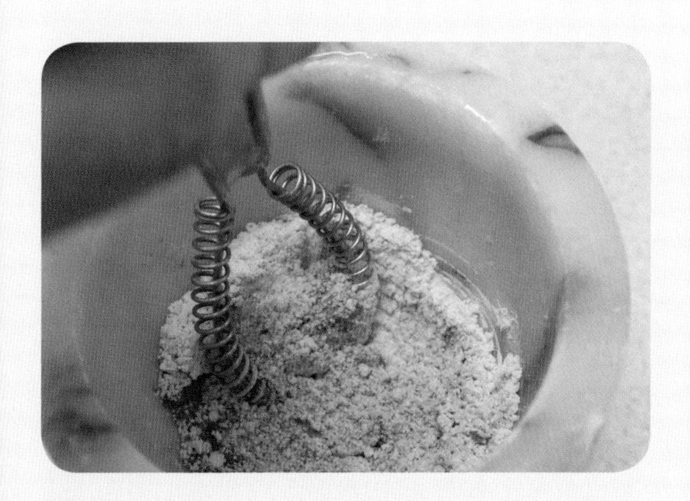

2 스푼이나 작은 거품기 등으로 재료들이 완전히 골고루 섞일 때까지 젓는다.

3 혼합한 재료는 용기에 담아 빛과 열이 닿지 않는 곳에 보관하거나 즉시 액티베이터와 혼합하여 사용한다.

생과일 또는 채소로 팩 만들기

생과일이나 채소로 만든 팩은 만든 즉시 사용해야 한다.

1 과일이나 채소를 칼로 잘게 썰어 그릇에 담는다.

2 핸드 블렌더로 재료의 혼합물이 최대한 부드럽게 될 때까지 간다. 덩어리가 남아 있으면 피부에 잘 밀착되지 않고 떨어져 버린다.

3 갈아 놓은 재료가 피부에 잘 밀착되도록 하려면 다른 재료를 첨가해야 할 수도 있다. 과일 가루, 분유, 클레이, 요거트, 꿀 또는 꿀가루, 아몬드 가루 또는 휘핑 크림 등이 좋다.

페이스 팩 사용하기

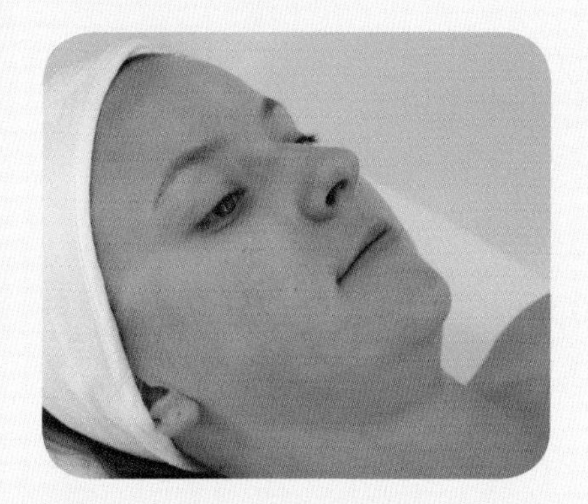

1 머리카락이 얼굴에 닿지 않게 하고, 꼼꼼하게 세안한다. 팩을 사용하기 전에 페이스 스크럽으로 죽은 피부 세포를 완전히 제거하는 것이 좋다.

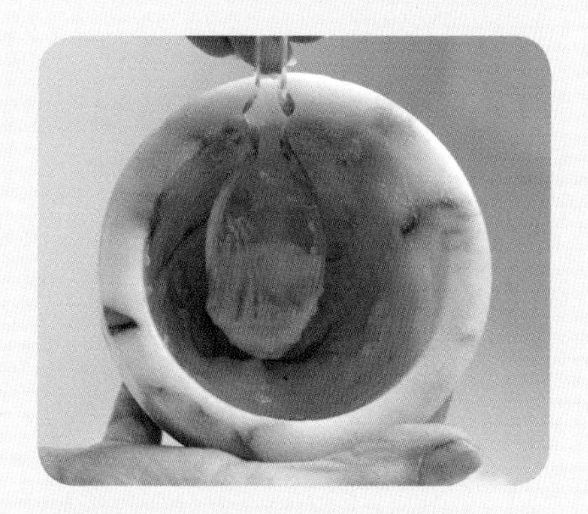

2 드라이 팩을 사용할 경우에는 가루에 수분을 첨가해 진한 페이스트로 만든다.

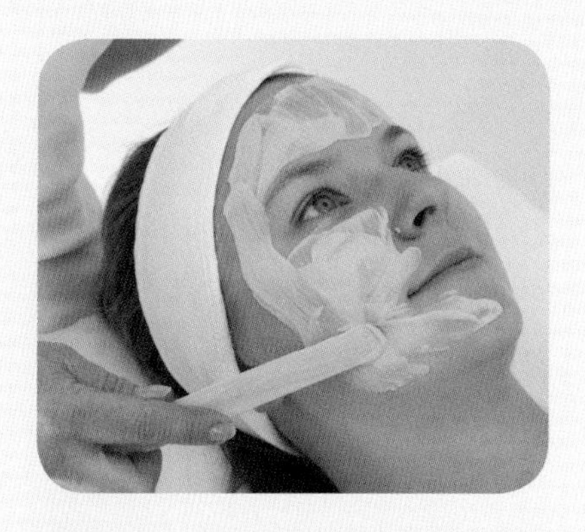

3 물감용 붓이나 메이컵 브러시, 아이스크림 스틱 또는 손가락을 이용해 부드럽게 원을 그리며 눈과 입술 주변을 피해 목과 얼굴에 팩을 펴 바른다.

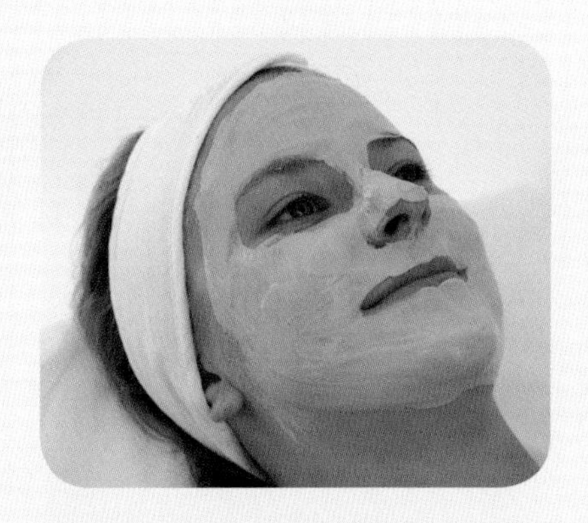

4 가만히 누워 휴식을 취하며 15분쯤 기다린다. 클레이 팩을 사용했을 경우에는 완전히 마른 다음에 제거해야 충분한 효과를 볼 수 있다.

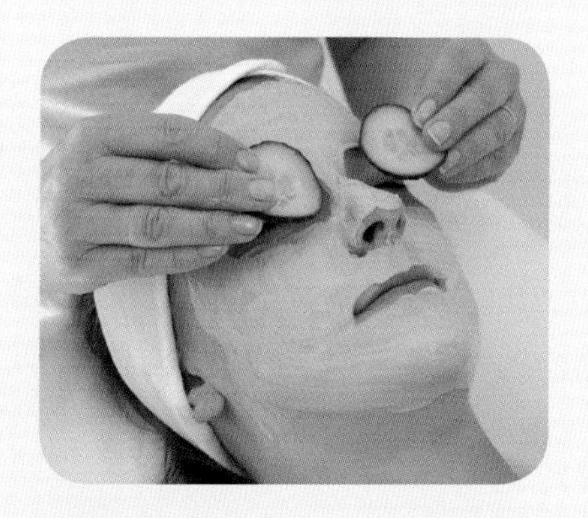

5 시원한 오이 조각이나 한 번 우려 낸 티백, 라벤더 백 등으로 눈을 덮어 두는 것도 좋다.

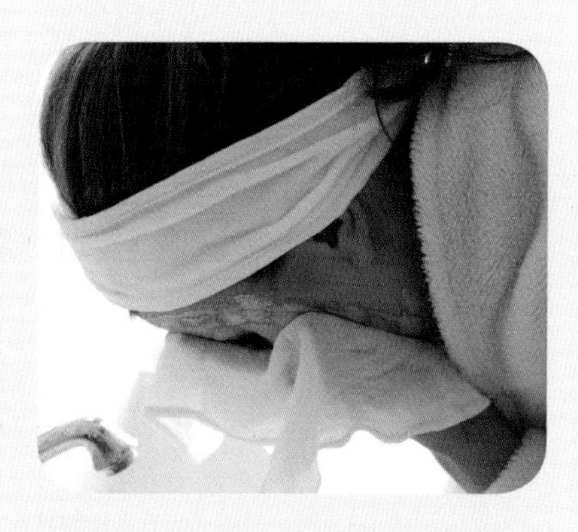

6 15분 정도 지나면 따뜻한 물로 씻거나 물에 적신 퍼프로 닦아서 팩을 제거한다. 마른 타올로 물기를 제거한 후, 보습제를 바른다.

바디 팩과 랩

클레이 또는 머드 바디 랩은 사용 방법이나 효과에 있어서 기본적으로는 페이스 팩과 별반 차이가 없다. 다만 사용하는 피부의 범위가 넓고, 종종 바디 스크럽을 먼저 한 뒤에 사용한다는 점이 다를 뿐이다. 바디 랩은 몸매를 슬림하게 잘 가다듬기 위해서, 피부의 탄력을 위해서 또는 근육의 긴장을 풀기 위해서 사용하기도 한다. 주기적으로 바디 랩을 하면 체중 조절에도 도움이 되는 것으로 알려져 있다. 클레이 바디 랩 역시 신진대사에 특히 도움을 주어서 독성 물질과 폐기물을 제거하는 인체 활동을 촉진한다.

바디 랩을 사용해야 할 때

- 전체적으로 독소를 제거하고 피부 관리를 해야 할 때
- 체중 조절을 위해 다이어트를 할 때
- 체중을 줄였거나 출산을 한 뒤 푸석푸석해진 피부의 탄력을 회복하기 위해
- 셀룰라이트를 제거하기 위해

주의: 고혈압이 있는 경우나 폐소공포증이 있는 사람은 바디 랩을 하지 않는 것이 좋다.

풋 팩, 레그 팩

풋 스크럽을 한 후 풋 팩이나 레그 팩을 하면 건조하고 피곤한 발을 부드럽게 진정시킬 수 있다. 또한 셀프 태닝을 하기 전 피부를 정리해 준다. 종아리까지 팩을 하면 다리의 통증을 완화시키는 데 도움이 된다.

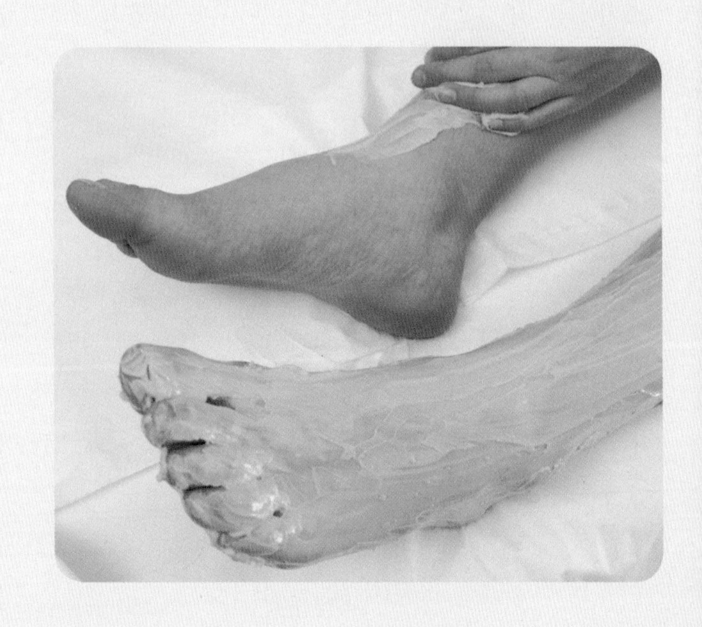

바디 랩 사용하기

효과를 최대화하기 위해서는 바디 랩을 하기 전에 스크럽으로 각질을 제거한다(30쪽 참고).

랩을 만들기 위해서는 따뜻한 물(또는 소금물)과 2-3 티스푼의 오일을 가루 재료에 섞어서 진한 페이스트로 만든다.

바디 랩은 쉽고 깔끔하게 끝내기 어렵다. 빈 욕조에 서서, 원한다면 목과 얼굴을 포함해 몸 전체에 페이스트를 바른다. 손이나 깨끗한 물감용 붓 또는 주방용 스패출라를 쓴다.

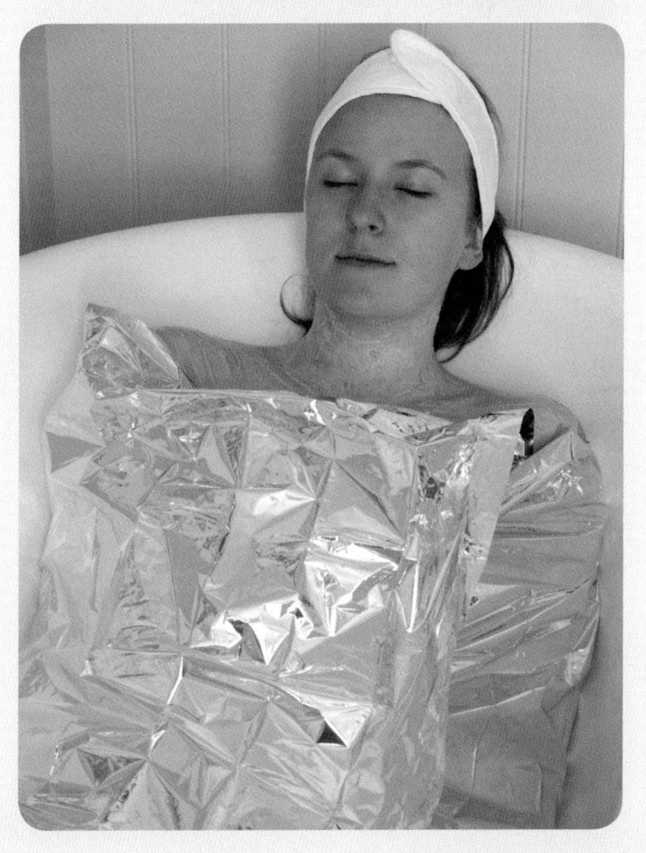

낡은 시트나 붕대 또는 비상용 포일 블랭킷으로 온몸을 감는다. 팔도 덮어야 한다. 붕대나 시트를 단단하게 감는 것도 부드러운 피부 조직을 압축하는 데 도움이 된다. 그 다음에 따뜻한 타올로 몸을 덮는다. 바디 랩의 포인트는 온기이다. 최대한 피부를 따뜻하게 유지해 모공이 열려서 독성 물질은 땀으로 배출되고 바디 랩의 영양 성분은 흡수되도록 한다.

빈 욕조 안에 누워 45-60분 정도 쉰 후 샤워로 바디 랩에 사용된 재료들을 완전히 씻어 낸다. 타올로 물기를 닦아 낸 후 전신용 보습제로 마지막 마무리를 한다.

주의: 긴장을 완화시켜 주는 바디 랩을 끝낸 후 야외 활동을 하거나 스포츠 활동을 하는 것은 바람직하지 않다. 물을 충분히 마시고 몇 시간이라도 조용히 쉬도록 한다.

기본 재료

각질 제거제

페이스 스크럽이나 바디 스크럽의 주요 재료는 각질을 제거하는 성분이다. 피부의 '각질을 제거'한다는 것은 간단히 말해 연마 작용을 하는 물질로 피부를 마찰해서 피부 표피의 묵은 세포를 벗겨 내고 콜라겐의 생성을 촉진한다는 의미이다. 이렇게 하면 새로운 세포가 드러나면서 피부가 더 생생해지고 피부결도 부드러워진다. 또한 미세한 주름이 생기는 것을 막아 주고 피부색을 균일하게 다듬어 주며 아직 심하지 않은 경우에는 여드름도 완화시켜 준다.

피부의 각질을 제거하는 데 쓰이는 천연 재료에는 여러 가지가 있다. 그중에는 다른 것들보다 연마성이 더 강한 것도 있으므로, 피부 타입이나 목적에 맞게 선택하도록 한다. 속돌, 수세미 같은 것들은 입자의 굵기나 크기가 다양하다. 입자가 고운 것일수록 피부에 사용하기 더 적당하다. 자기 얼굴 피부에 적당한 각질 제거제인지 확실하게 알기 어렵다면, 판매자에게 문의한다. 유제품이나 특정 종류의 과일, 예를 들어 레몬, 딸기, 사과 같은 것들도 죽은 피부 세포를 벗겨 내는 데 도움이 된다. 각질 제거제로 활용할 수 있는 과일과 채소에 대한 더 자세한 정보는 과일과 채소(64쪽) 파트와 유제품(62쪽) 파트에서 찾을 수 있다.

살구씨 가루
Prunus armeniaca

살구씨 가루는 살구씨의 핵을 곱게 분쇄한 것이다. 살구씨 가루는 마치 모래알 같은 연마성을 가지고 있어서 페이스 스크럽이나 바디 스크럽에 섞어서 쓰면 생기 있고 건강한 피부를 되찾을 수 있다.

아몬드 가루
Prunus dulcis

아몬드 가루는 피부의 각질을 순하게 제거해 부드러운 피부로 가꾸어 줄 뿐만 아니라 영양도 공급해 준다. 주기적으로 아몬드 스크럽을 하면 블랙헤드와 점이 생기는 것을 예방할 수 있다. 아몬드 가루는 매우 순한 성질을 갖고 있기 때문에 페이셜 스크럽과 민감성 피부에 특히 잘 어울린다.

대나무 가루
Bambusa vulgaris

대나무는 생장 속도가 매우 빠르고 용도가 다양한 식물이다. 수액과 잎 그리고 대팻밥은 동양 의학에서 열을 내리고 감염을 다스리는 약으로 쓰인다. 또한 대나무 가루는 미네랄과 실리카 성분이 풍부해 주름과 여드름을 없애는 데 큰 효과가 있다. 다른 각질 제거제나 클레이, 머드 등과 함께 사용하면 매우 색다른 페이스 또는 바디 스크럽이 된다.

커피 가루
Coffea arabica

커피는 피부의 생리 작용을 촉진시키고 피부톤을 고르게 해 주는 아주 좋은 각질 제거제이다. 커피 바디 스크럽은 은은한 향기를 남기면서 피부의 활기를 돋군다. 뿐만 아니라 셀룰라이트를 제거하는 데에도 도움을 준다. 커피를 내리고 남은 커피 가루를 버리지 말고 원하는 오일과 혼합해 샤워할 때 바디 스크럽으로 써도 큰 효과를 볼 수 있다. 또는 주방 일을 마친 후, 남겨 놓았던 커피 가루 한 줌에 식용유를 적당히 섞어 손에 문지르면 손의 각질을 제거할 수 있다. 각질 제거 효과를 더 강하게 하고 싶다면 소금을 섞는 것도 좋은 방법이다. 이때 소금과 커피의 비율은 1:4가 적당하다.

크랜베리 씨앗
Vaccinium macrocarpon

크랜베리 씨앗은 피부의 각질을 부드럽게 제거해 주기 때문에 페이셜 스크럽을 만들 때 첨가하기 좋은 재료이다. 여기에 만다린 오렌지 에센셜 오일 몇 방울만 첨가하면, 최고의 제철 아이템이 된다.

엡섬 솔트
Magnesium sulphate

엡섬 솔트라는 이름은 이 소금이 생산되는 영국의 작은 마을 이름에서 유래했다. 미네랄이 풍부한 이 지역의 물을 끓여서 얻는데, 해독 작용이 뛰어나서 체내의 독성 물질을 배출할 뿐만 아니라 순환을 촉진하며 피부 깊은 곳까지 세정 작용을 한다. 각질 제거 작용도 뛰어나 바디 스크럽으로 이상적이며, 따뜻한 물에 녹여 페이스 팩이나 바디 랩을 할 때 독소를 배출시키는 액티베이터로 첨가하기도 한다. 욕조에 엡섬 솔트를 풀어 녹이고 몸을 담그면 체내의 마그네슘 수치를 높여 주어 근육통을 완화시키고 스트레스와 불면증 해소에도 도움을 준다.

커피 가루

엡섬 솔트

수세미
Luffa

수세미는 주로 아프리카나 아시아에서 서식하는 덩굴 식물로, 기다란 방망이처럼 생긴 열매의 내부 조직을 말려서 스폰지처럼 사용한다. 수세미는 통으로 잘라 목욕용 스펀지 대신 사용하기도 하고, 섬유질을 가늘고 곱게 잘라 스크럽에 첨가하기도 한다. 수세미는 속돌이나 소금 같은 각질 제거제와 조합해서 풋 스크럽으로 사용하기도 하는데, 아주 곱게 갈면 얼굴에도 사용할 수 있다.

귀리 가루/오트밀/귀리겨
Avena sativa

곡물인 귀리를 곱게 갈아 만든 귀리 가루는 습진, 건선 등 국소적인 피부 관리에 많이 쓰이고, 피부의 건조함이나 가려움을 다스리는 데에도 쓰인다. 아주 곱게 간 귀리 가루는 페이셜 스크럽으로도 쓸 수 있다. 각질을 부드럽게 제거해 매끈하고 탄력있는 피부로 가꾸어 준다. 민감성 피부에도 무리없이 쓸 수 있다.

복숭아씨 가루
Prunus persica

복숭아 씨앗을 곱게 갈아 만든 이 가루는 페이셜 스크럽이나 바디 스크럽에 매우 좋은 첨가제이다. 복숭아씨를 구할 수 없다면 살구씨를 쓰는 것도 좋다.

속돌
Pumice

속돌은 화산이 폭발하여 분출된 용암이 응고되어 만들어진 다공성 화산석이다. 용암이 냉각되어 굳는 과정에서 생긴 수많은 구멍 때문에 마치 스폰지 같은 모양을 하고 있다. 이 수많은 구멍 때문에 속돌은 돌이면서도 매우 가벼워서 물에 뜬다. 다양한 크기로 구할 수 있을 뿐만 아니라 고운 가루로도 만들어진다. 매우 유용한 천연 연마제이자 각질 제거제이기 때문에, 풋, 핸드, 바디 스크럽의 재료로 훌륭하다. 오일 베이스의 스크럽을 만들 때 첨가할 경우에는 속돌 가루가 바닥에 가라앉지 않도록 사용하기 전에 충분히 저어 준다.

수세미 가루

복숭아씨 가루

속돌 가루

양귀비 씨앗
Papaver orientale

양귀비꽃에서 얻는 양귀비 씨앗은 표면이 보드랍고 동글동글해서, 페이셜 스크럽이나 바디 스크럽에 쓰인다. 부드럽게 각질을 제거해 주고, 다른 각질 제거용 재료와 혼합해 사용하면 독특한 질감을 얻을 수 있다.

라즈베리 씨앗
Rubus idaeus

라즈베리 씨앗은 알이 작고 연해서 페이셜 스크럽의 각질 제거제로 쓰인다. 클레이 가루, 라즈베리 가루, 망고 가루, 바나나 가루 등과 함께 쓰면 아주 훌륭한 과일 샐러드 스크럽이 된다.

소금
Sodium chloride

요즘은 어디서나 흔히 구할 수 있는 재료지만 역사를 거슬러 올라가 보면 소금은 아주 귀한 재료였다. 바다 소금은 바닷물을 증발시켜서 얻는 미네랄로, 수천 년 동안 소중한 식재료로 여겨져 왔다. 마그네슘, 규소, 칼륨, 칼슘 같이 몸에 좋은 미네랄이 풍부한 바다 소금은 욕조에 풀고 몸을 담그기도 하고 풋 스크럽이나 바디 스크럽으로 쓰이기도 한다. 피부 관리에 소금을 쓰면 세정 작용은 물론, 피부를 연하게 하고 근육통을 덜어 주는 효과도 있다. 하지만 연마성이 강하므로 얼굴에 직접 사용하는 것은 바람직하지 않다.

양귀비 씨앗

라즈베리 씨앗

굵은 소금

사해 소금

Maris sal

수천 년 동안, 여러 나라의 왕과 왕비들은 목욕을 하기 위해 먼길을 마다하지 않고 이스라엘과 요르단 사이의 사해까지 찾아오곤 했다. 한때는 바다의 일부였으나 지금은 육지에 갇혀 호수가 된 사해는 소금과 각종 미네랄의 농도가 극히 높다. 사해(死海)라는 이름이 말해 주듯이, 사해의 염도는 너무나 높아서 어류나 수중 식물이 살아남을 수 없을 정도이다. 사해는 칼륨, 마그네슘, 염화칼슘 그리고 습진과 건선, 근육통, 관절염, 류머티즘 등의 치료에 효험이 있는 여러 종류의 브롬화물을 함유하고 있다. 사해 소금은 피부를 깨끗하고 유연하게 하고 해독 작용까지 할 뿐만 아니라 다양한 치료 및 치유의 효과가 있는 것으로 알려져 있다. 이 외에도 긴장과 불면증을 완화시키는 데에도 도움을 준다. 핸드 스크럽이나 풋 스크럽, 바디 스크럽에 소량 첨가하거나 물에 녹여 페이스 팩이나 바디 랩에 혼합해 사용한다.

샌달우드 가루

Santalum album

향긋한 나무 향이 느껴지는 샌달우드는 페이셜 스크럽이나 바디 스크럽의 이상적인 재료로 쓰이는 천연 성분이다.

딸기 씨앗

Fragaria vesc1.5a

여름에 아주 좋은 재료이다. 딸기씨와 딸기 가루(또는 잘 으깬 생딸기)를 크림이나 요거트와 함께 섞어 사용해 보자.

사해 소금

딸기 씨앗

설탕

Saccharum (사탕수수) 또는
Beta vulgaris (사탕무)

설탕은 젖당, 자당, 과당을 함유하고 있는 채소 작물로부터 얻는 식용 결정 물질이다. 설탕을 얻는 채소로는 사탕수수와 사탕무가 있다. 사탕수수는 열대 지역에서 자라는, 키가 크고 섬유질이 많은 볏과의 식물인데 이 식물을 잘라 수액을 채취한 뒤 이 수액에서 결정을 얻고 정제해서 설탕을 만든다. 반면에 사탕무는 아주 오래전부터 가축의 사료로 기르던 식물의 단단한 뿌리 부분으로, 이 뿌리에서 수액을 추출하고 증발시키고 결정화하는 여러 단계의 과정을 거쳐 설탕을 얻는다. 이 두 종류의 설탕을 서로 혼합하는 경우도 많다. 스크럽에 사용할 수 있는 설탕에도 여러 종류가 있다.

과립당

바디 팩이나 스크럽으로는 입자의 크기가 중간 정도인 설탕이 적당하다.

정제당

입자가 고운 정제당은 페이셜 스크럽에 쓰인다.

조당

연한 갈색의 설탕으로, 사탕수수에서 얻는다. 조당의 입자는 대개 과립당보다 약간 더 굵고, 모든 종류의 스크럽에 이상적인 재료가 된다.

황설탕 또는 흑설탕

황설탕은 사탕수수를 끓여 결정을 추출하고 난 뒤 남은 끈적끈적한 갈색의 시럽인 당밀을 첨가해서 만든다. 입자가 가늘고 약간 수분이 많아 촉촉해서 페이셜 스크럽이나 바디 스크럽에 아주 좋은 재료가 된다. 향도 달콤해서, 흑설탕을 쓸 경우에는 향을 내기 위한 다른 재료가 필요하지 않지만 꿀, 바닐라 또는 오렌지 오일 등을 섞어서 쓰는 것도 좋다.

조당

연한 황설탕

흑설탕

클레이

미네랄이 풍부한 클레이는 수백 년 동안 치료용으로 사용되어 왔다. 클레이는 혈액 순환을 돕고 피부의 독성 물질과 불순물을 제거하며 모공을 수축시키고 상처의 치료를 촉진해 피부를 맑고 부드럽게 만든다.

클레이는 흡착력이 매우 뛰어나다. 과도한 유분과 노폐물을 흡착하는 성질이 있어서, 여드름, 점이 있거나 피부 트러블이 있는 사람에게 효과적이다. 대부분의 클레이는 피부에 남아 있는 독성 물질을 흡착하지만, 흡착력에는 차이가 있기 때문에 피부 타입에 따라 적당한 종류를 골라서 사용하는 것이 좋다.

튀니지에서 팔리고 있는 클레이와 헤나 가루

클레이에는 미네랄이 풍부해 피부의 혈액 순환을 돕고, 죽은 피부 세포를 제거하면서 필수적인 미네랄 성분을 공급해 주어 피부의 생기를 되살린다. 클레이 팩을 주기적으로 사용하면 피부 결과 색을 젊고 건강하게 유지하는 데 도움이 된다.

다음에 소개하는 클레이는 화장품 재료로 대중적으로 쓰이기 때문에 미용 목적으로 구입할 수 있는 것들이다. 액티베이터와 혼합하여(34쪽 참조) 팩이나 바디 랩으로 사용해 보자. 사용량은 원하는 효과에 따라 달라진다. 드라이 스크럽이나 오일 베이스 스크럽에 한두 스푼 정도 혼합해 사용하면 세정 효과는 물론 피부에 영양도 공급할 수 있다.

주의: 순도나 피부 건강을 위해 검증된 미용 재료 판매처에서 구입하도록 한다. 미술 재료 판매처에서 구입한 클레이는 미용 목적으로 쓸 수 없다. 클레이가 들어 있는 팩을 사용할 땐 옷이나 주변에 묻지 않도록 조심한다.

호주산 클레이

호주산 클레이는 프렌치 클레이(50쪽 참조)와 비슷한 성질을 갖고 있다. 호주 원주민인 애보리진들은 오랜 세월 동안 치료 목적 뿐만 아니라 의식을 위한 장식물을 만들 때에도 클레이를 사용해 왔다. 애보리진들은 뜨거운 햇살로부터 피부를 보호하기 위해 클레이로 몸에 그림을 그리기도 했다. 호주산 클레이에는 화이트(카올린), 레드, 아이보리, 베이지, 핑크, 옐로우, 그린, 블루 등 다양한 색깔이 있다.

벤토나이트 클레이

Bentonite montmorillonite

화산재 퇴적물로부터 생성된 벤토나이트 클레이에는 몬모릴로나이트 등 70여 가지의 미네랄이 들어 있다.
벤토나이트는 가장 효과적이고 강력한 치료용 클레이 중 하나이다. 해독 작용과 치료 작용이 대단히 뛰어나고 피부로부터 유분과 독성 물질을 흡착해 내는 능력이 뛰어나다. 따라서 찜질이나 바디 랩 또는 헤어 팩, 두피 팩의 이상적인 재료이다.

사해 클레이 또는 머드

Marus limus

사해 클레이는 사해 바닥에서 채취한 것으로, 치료 효과가 매우 뛰어나다. 여러 종류의 영양 성분과, 몸에서 독성 물질을 배출하고 피부에 영양을 공급해 주는 미네랄을 다수 함유하고 있다. 칼륨, 요오드, 황 등의 성분이 들어 있어서 고급 피부 관리실에서 자주 사용된다.
습진이나 피부 질환, 건선 등의 증상을 완화시키는 데에도 쓰이고, 여러 가지 통증을 다스릴 때에도 쓰인다. 사해 클레이 가루는 드라이 팩이나 바디 랩으로도 쓰이고, 젖은 상태의 사해 머드는 스크럽에 첨가하거나 몸에 직접 바르기도 한다.

호주산 블루 클레이

벤토나이트 클레이

사해 머드

산성백토
Solum fullonum

천연의 퇴적토 속에 존재하며 몬모릴로나이트와 다량의 산화마그네슘을 함유하고 있다. 지성 피부, 여드름 피부, 점이나 기미가 있는 피부에 가장 먼저 고려해 볼 만한 재료이다. 피부에서 유분과 독성 물질을 제거해 주는 성질이 탁월하기 때문이다. 다만 민감성 피부나 건성 피부에는 사용하지 않는다.

프렌치 클레이
Montmorillonite

몬모릴로나이트는 미네랄 클레이 중에서 화산재로부터 생성된 종류를 칭하는 일반적인 명칭이며, 프렌치 클레이라고 부르기도 한다. 몬모릴로는 19세기에 이 클레이가 처음 발견되었던 프랑스의 지명이기도 하다. 수분을 만나면 원래의 부피보다 서너 배나 불어날 정도로 수분 흡수력이 뛰어난 미세 결정 형태인 녹점토를 함유하고 있다. 몬모릴로나이트 클레이는 함유하고 있는 미네랄 성분에 따라 그린, 핑크, 옐로가 있다. 불순물과 독성 물질을 제거해 피부 트러블을 해결하는 데 뛰어나다. 이와 비슷한 기능을 가진 다른 클레이 종류들이 지구상 곳곳에서 생산되고 있다.

프렌치 그린 클레이

그린 클레이는 흡착력과 해독 작용이 뛰어나 피부 트러블을 해결하는 데 이상적인 재료이다. 피부의 염증을 완화하고 점과 블랙헤드를 없애는 데 이용되며 모공을 축소하고 피부의 유분과 피지가 많은 피부의 여드름을 가라앉히는 데 도움을 준다. 피부 세포와 조직을 재생하는 데에도 탁월하다. 페이스 팩, 바디 랩, 스크럽에 그린 클레이를 첨가한다. 민감성 피부나 건성 피부를 가진 사람에게는 적합하지 않다.

산성백토

그린 클레이

프렌치 옐로 클레이

산화철 함유량이 높은 노란색의 클레이로, 부드럽고 순하다. 피부의 지방 성분을 과도하게 제거하지 않는다. 따라서 민감성 피부나 건성 피부에도 잘 맞는다. 옐로 클레이는 독소 제거, 세정, 각질 제거에 유용하며 피부에 다양한 영양분을 공급한다.

프렌치 레드 클레이

레드 클레이의 짙은 빨간색은 이 클레이가 생산되는 암석의 산화물에서 비롯되었다. 각질을 제거하고 피부를 맑게 하며 피부의 독소를 제거해 피부색을 화사하게 하고 생기를 되살린다. 중성 피부부터 지성 피부까지 잘 맞는다. 레드 클레이는 얼룩이 남기 쉽기 때문에 레드 클레이를 사용할 때에는 옷이나 주변에 묻지 않도록 주의해야 한다.

프렌치 핑크 클레이

산화철과 실리카를 함유해 순하고 부드러운 클레이이다. 피부의 혈액 순환을 촉진하고 세정과 함께 각질을 부드럽게 제거해 준다. 노년기 피부나 민감성 피부, 건성 피부에 적당하다.

옐로 클레이

레드 클레이

핑크 클레이

카올린

차이나 클레이 또는 화이트 코스메틱 클레이라고도 불리는 카올린은 세라믹, 도자기, 메탈 캐스팅, 페인트, 플라스틱, 의약품, 세안용 화장품, 치약, 화장품 등의 제조에 쓰인다. 화강암의 성분 중 하나인 장석이 오랜 시간이 흘러 카올리나이트라는 새로운 물질로 변성될 때 생성된다. 곱고 순한 미네랄 클레이로 칼슘, 실리카, 아연, 마그네슘 등이 풍부한 천연 흡착제이다. 지성 피부나 잡티가 많은 피부에 이상적이다. 흰색을 띠는 카올린 클레이는 피부의 활력을 되찾아 줄 뿐만 아니라 부종과 염증을 완화시킨다. 여러 종류의 클레이 중에서 가장 용도가 많으면서 성질도 가장 부드럽다. 또한 유분 흡착성도 과하지 않아서, 지나치게 흡수하지 않으면서 부드럽게 세정을 해 주기 때문에 건성 피부, 민감성 피부나 노화 피부에 적합하다. 성질이 매우 순하기 때문에 다른 클레이와 혼합해 드라이 팩의 베이스로 쓰면 좋다. 다른 클레이 대신 과일, 유제품, 허브 가루 또는 씨앗을 섞어서 드라이 스크럽이나 드라이 팩으로도 쓸 수 있다.

라솔 클레이

Moroccan lava clay

모로코의 아틀라스 산맥에서 생산되는 라솔 클레이는 화장품, 스킨케어 제품에 쓰인 역사가 매우 길다. 미네랄이 풍부한 적갈색의 클레이로, 실리카, 칼슘, 마그네슘, 철, 칼륨, 나트륨 등을 풍부하게 함유하고 있다. 피부의 탄성을 높이고 건조하거나 푸석푸석한 피부를 안정시키는 데 도움을 준다. 흡착력이 뛰어나 세정과 피부의 독소 제거에 효과적이며 피부색을 밝게 해 준다. 페이스 팩 첨가제로 훌륭하다.

카올린

라솔 클레이

액티베이터

드라이 팩이나 스크럽에는 재료들을 페이스트 상태로 만들어 피부에 잘 밀착되게 하는 활성제, 또는 수화제로서 액티베이터가 필요하다. 피부 타입에 따라 가장 적합한 재료를 선택하도록 한다.

팩의 활성제나 수화제로는 다음과 같은 재료들을 사용할 수 있다. 물이나 우유 또는 오일을 사용할 때에는 먼저 따뜻하게 데워서 사용하는 것이 모공을 여는 데 도움이 된다.

- 물(가능하면 증류수 사용)
- 우유 또는 요거트
- 과일 주스
- 플로럴 워터(라벤더 워터 또는 캐모마일 워터 등)
- 식물성 오일(스윗 아몬드 오일, 올리브 오일, 보리지 오일 등)
- 소금물(해염, 사해 소금 또는 엡섬 솔트를 물에 녹여 사용)

이 재료들의 효과에 대해 더 자세히 알고 싶다면, 각 재료를 소개하고 있는 파트들을 참고하도록 한다.

요거트

레몬즙

팁: 페이스 팩을 만들 때는 좋아하는 에센셜 오일을 2-3방울 떨어뜨려 혼합하면 에센셜 오일 자체의 효능도 있지만 사용할 때 기분도 좋아진다. 에센셜 오일에 대해서는 67-77쪽을 참조한다.

허브와 식물성 재료

허브는 자른 잎이나 가루 형태로 구입할 수 있다. 허브잎은 치료 효과가 뛰어나고 바디 스크럽으로 사용하면 각질 제거 효과도 크다. 식물성 오일에 담가 인퓨즈드 오일로 만들어서 쓸 수도 있다. 가루로 만들면 성분이 더 농축되는 경향이 있으며, 말린 허브를 분쇄기나 커피 그라인더로 갈면 가정에서도 허브 가루를 만들어 쓸 수 있다. 허브 가루는 페이스 팩에 이상적인 재료이며, 특히 클레이, 분유, 꿀, 과일 등의 가루와 혼합해 쓰면 효과가 배가된다. 또한 통증을 다스리기 위한 허브 습포제 등을 만들 때 좋은 재료이다.

알로에베라 즙
Aloe barbadenis

항박테리아, 항진균성을 갖고 있어서 일광 화상, 화상, 심하지 않은 피부 감염증 등을 치료하는 데 효과적이다. 비타민 A, C, B군과 엽산을 함유하고 있다. 알로에베라즙과 가루 모두 팩이나 스크럽에 쓰인다.

우엉잎 또는 우엉 가루
Arctium lappa

엉겅퀴과에 속하는 우엉은 잎과 뿌리 모두 스크럽과 팩에 쓸 수 있다. 우엉은 부스럼, 여드름, 습진, 궤양, 염증이 있거나 딱지가 앉은 피부 상처의 치료는 물론 피를 맑게 하는 데에도 쓰인다.

카렌듈라(금잔화) 꽃잎 또는 가루
Calendula officinalis

주황색이 감도는 노란빛의 꽃잎은 옛날부터 벤 상처, 찰과상 등 피부에 난 작은 상처들을 치료하는 데 쓰였다. 또한 피부 관리에도 좋은 성분을 가지고 있다. 카렌듈라는 여드름, 일광 화상 등과 같이 염증이 난 피부를 진정시킬 때나, 무좀, 구내염 등 곰팡이로 인한 증상의 치료제로 쓰였다. 감염이 번지는 것을 막고 세포의 재생을 촉진시키는 약으로도 오래전부터 쓰였다.

알로에베라 젤

우엉잎

캐모마일 가루

Anthemis nobilis

캐모마일은 오래전부터 정원에서 가장 많이 기르는 허브 중 하나였다. 노란색 꽃술에 잎이 하얗고 향이 강한데, 진정 작용과 긴장 완화 작용을 하며, 민감성 피부나 피부의 염증을 가라앉혀 준다. 드라이 페이스 팩, 습포제, 스크럽 등에 캐모마일 가루를 써 보자.

계피 가루

Cinnamomum zeylanicum

적갈색인 계피 가루는 인도 아대륙이 원산지인 작은 상록수, 계피 나무의 껍질에서 얻는다. 피부의 혈액 순환을 촉진하고 피로와 우울증을 회복시키며 류머티즘, 관절염, 생리통 등의 통증을 덜어 준다. 계피 가루는 따뜻한 성질에 약간의 자극적인 성질을 갖고 있어서 너무 많은 양을 사용하면 피부를 자극할 수 있으므로 소량씩만 첨가해 사용한다. 바디 스크럽에는 아주 좋은 재료이나 얼굴에는 직접 사용하지 않는 것이 좋다.

컴프리잎 또는 컴프리 뿌리 가루

Symphytum officinale

잔털이 많은 잎과 밝은 보라색, 크림색, 분홍색 꽃이 피는 컴프리는 보리지와 물망초의 친척이다. 부러진 뼈를 접합시킬 때 효험이 좋고 다친 근육을 치료하는 데 뛰어난 것으로 알려져 있는 컴프리는 골절, 염좌, 자상, 창상, 타박상 등을 치료하는 치료제로 쓰인다. 또한 다양한 통증과 통풍, 피부 자극, 염증 등을 누그러뜨리고 치질을 치료하는 데에도 쓰인다. 컴프리는 치료용 습포제에도 자주 쓰이는 유용한 허브이다.

캐모마일 가루

계피 가루

컴프리 뿌리 가루

크랜베리 가루

Vaccinium macrocarpon

크랜베리는 키가 작은 관목으로, 미국과 캐나다에 넓게 분포한다. 열매는 비타민이 풍부해 항산화 효과, 항염증 효과가 뛰어난 것으로 알려져 있다.

생강 가루

Zingiber officinale

중국에서 약재로 널리 쓰이는 식물로, 자극적이며 몸을 따뜻하게 해 주는 것으로 알려져 있다. 말린 생강은 감기, 위통, 구토증, 소화 불량, 기침, 류머티즘, 관절염, 근육통, 염증을 다스리는 데 흔히 쓰인다. 최음 효과와 함께 항산화 성분을 함유하고 있어서 열을 내는 스크럽에 첨가하면 좋지만, 얼굴에는 쓰지 않는다.

은행잎 또는 가루

Ginkgo biloba

은행나무는 중국에서는 1500년 전부터 재배되어 왔다. 강력한 항산화 성분과 항염 성분을 갖고 있는 은행은 집중력과 기억력, 순환을 강화하고 활력을 증진시킨다. 은행잎 가루는 팩, 스크럽 또는 습포제에, 자른 잎은 스크럽에 첨가하여 사용할 수 있다.

크랜베리 가루

생강 가루

은행잎

인삼 가루
Panax ginseng

아시아가 원산지인 인삼은 아시아에서 수천 년 전부터 약재로 쓰였다. 피로와 스트레스, 염증을 치료할 뿐만 아니라 순환을 촉진하고 면역 체계를 강화시키는 데 효과적이다. 또한 인삼은 피부의 기운을 회복시키고 활력을 증진시키거나 정신을 건강하게 해 주는 건강 음료로서도 효과가 있다.

녹차 가루
Camellia sinensis

녹차는 수천 년 전부터 한국, 중국, 일본, 인도, 태국 등에서 소화를 돕고 혈당을 낮추며 상처를 치료하는 목적으로 쓰였다. 뿐만 아니라 다양한 종류의 비타민과 피부를 보호하는 데 도움을 주는 미네랄을 함유하고 있어서 강력한 항산화제로도 뛰어나다. 녹차는 피부 질환, 욕창, 무좀에도 좋은 치료 성분을 함유하고 있다. 녹차 가루는 드라이 페이스 팩의 첨가제로 훌륭한 재료이다.

호프잎 또는 가루
Humulus lupulus

영국의 토종 식물로 잘 알려진 호프는 맥주를 제조할 때 첨가제로 쓰인다. 진정 작용을 하는 성분을 함유하고 있어서 수면을 돕기 때문에 예부터 불면증 치료에도 쓰여 왔다. 신경 불안을 다스리고 근육통을 완화하며 식욕을 증진시키는 효과뿐만 아니라 피부를 유연하게 하는 효과도 갖고 있다. 호프 가루를 페이스 팩이나 스크럽에 첨가하면 피부를 진정시키는 효과가 있다. 호프잎을 분쇄기에 갈아서 가루로 만들어 사용한다.

인삼 가루

녹차 가루

호프잎

다시마 가루
Laminaria digitata

다시마는 영양분이 풍부한 해초의 일종이다. 아미노산, 요오드, 비타민이 풍부해서 피부 결을 부드럽게 하고 독소를 배출한다. 보습과 피부 재생에도 좋고 면역력을 높여 주는 장점도 있다. 다시마 가루는 스파나 바다를 테마로 한 상품의 첨가제로 아주 훌륭하다. 특이한 향을 갖고 있기 때문에, 팩이나 스크럽에 첨가해서 쓸 때에는 개인의 취향에 따라 다른 향을 혼합해 쓸 필요가 있다.

라벤더 가루
Lavandula angustifolia

향기롭기로 유명한 라벤더는 진정 작용과 치료 작용이 뛰어나다. 이미 수백 년 전부터 화상, 일광 화상, 근육통, 신경통, 류머티즘, 단순성 포진, 벌레에 물린 상처 등을 치료하는 데 쓰여 왔다. 통증을 둔화시키는 진통 작용 외에도 살균, 항박테리아, 항염증 성분을 갖고 있어서 상처와 종기의 치료는 물론, 지성 피부, 여드름, 부스럼, 건선 등을 다스리는 데에도 효과적이다. 말린 꽃을 분쇄기에 갈아 가루를 내어 스크럽이나 드라이 팩에 첨가한다.

레몬밤
Melissa officinalis

향긋한 레몬 향이 나는 하트 모양의 잎으로, 요리할 때는 레몬 대신 쓰기도 한다. 레몬밤은 17세기에 프랑스의 카르멜 수도회 수도사들이 만든 카르멜 워터, 또는 '오 드 카르메'의 주요 성분이었다. 카르멜 워터는 원래 향수로 만들어졌지만, 두통이나 신경통을 다스리기 위해 복용하기도 했다. 레몬밤은 신경계의 여러 증상들을 치료하고, 우울증, 기억력 감퇴, 두통, 불면증, 포진, 감기, 열, 벌레에 물린 상처 등을 치료하는 데에도 효과적이다. 팩이나 스크럽에 레몬밤 가루 또는 잘게 썬 레몬밤잎을 첨가해 보자.

다시마 가루

라벤더

레몬밤

쐐기풀
Urtica dioica

몸 전체에 뻣뻣한 털이 가득한 초본 식물로, 쐐기풀의 잎에는 미네랄, 포름산, 베타카로틴, 인산염, 철분 그리고 비타민 A, C, D와 비타민 B군, 칼륨, 망간, 칼슘, 질소가 풍부하다. 요즈음에는 수렴제, 스킨토너 등에 쓰인다. 신장과 방광에 활력을 주고 신체의 독소를 배출하기 위한 이뇨제로도 쓰이며, 면역 체계를 강화시키고, 통풍과 관절염 완화하는 데 도움을 준다. 습포제, 팩, 스크럽에도 쐐기풀 가루가 쓰인다. 쐐기풀 잎을 잘게 썰어서 스크럽에 쓰기도 한다.

로즈힙 가루
Rosa canina

로즈힙 가루는 장미꽃이 진 후 맺힌 열매로부터 얻는다. 로즈힙은 비타민 C가 매우 풍부해서 손상된 피부를 회복시키고 흉터와 주름, 튼살 등을 치료하는 데 도움을 주는 항산화제로 잘 알려져 있다. 모세관 손상으로부터 피부를 보호해 피부의 탄력을 유지하고 피부색을 고르게 하는 효과도 있다. 로즈힙 가루는 드라이 페이스 팩의 첨가제로 아주 좋은 재료이다.

밀싹 가루
Triticum vulgare

진한 녹색의 가루로 밀의 싹을 말려서 갈아 만든다. 면역 체계를 강화시키는 클로로필 외에도 각종 비타민과 미네랄, 효소로 가득차 있다. 몸의 독소를 제거하며 여드름을 진정시키고 흉터 제거와 손상된 피부 조직의 회복에 도움을 준다.

쐐기풀

로즈힙 가루

밀싹 가루

꿀

5천만 년 이상 전부터 존재해 온 벌이 만들어 내는 꿀은 아주 오랜 옛날부터 항생제로, 치료제로 쓰여 온 물질이다. 고대 이집트인들은 기원전 2400년부터 양봉을 통해 얻은 꿀로 시신의 방부 처리를 하고 임신을 촉진하기 위해 섭취하기도 했다.

양봉가가 벌집통을 살펴보고 있다.

꿀이란 무엇인가?

꿀은 벌집에서 만들어지는 천연 물질이다. 벌집 한 통에 최대 10만 마리의 벌이 살고, 그중 대부분이 수컷 '일벌'이다. 일벌이 만드는 밀랍으로 육각형이 연이어진 벌집을 만드는데, 이 벌집에서 어린 벌을 기를 뿐만 아니라 겨울을 대비한 먹이인 꿀을 저장한다. 벌은 꿀을 만들기 위해 꽃과 꽃 사이를 날아다니며 끈적끈적하고 달콤한 물질인 화밀을 모아들인다. 화밀에 벌의 입에서 나오는 효소를 섞어 벌집에 저장한다.

벌집에 꿀이 꽉 차면 밀랍으로 벌집을 봉한다. 양봉가들은 이 밀랍을 걷어 내고 꿀을 추출한다. 벌집을 봉하는 데 쓰였던 깨끗한 밀랍과 벌집을 이루고 있던 밀랍의 일부를 섞어 정제한 다음, 양초나 화장품 제조에 쓴다.

벌집에 몰려 있는 벌들

꿀의 치료 성분

꿀은 오랜 옛날부터 우리 몸에 영양분을 공급하고 질병이나 상처를 치료하는 의학적인 목적으로 쓰였다. 점성이 있는 황금색의 액체인 꿀은 산도는 낮으면서 소화하기 쉬운 단당류의 함량이 높은 데다 여러 종류의 효소와 꽃가루 그리고 아연, 칼슘, 마그네슘, 칼륨, 망간, 철분, 셀레늄 등의 미네랄이 소량 함유되어 있다.

꿀의 치유 효과는 포도당 산화 효소가 물을 만나거나 사람의 피부와 만났을 때 항균제인 과산화수소를 만들어 내면서 나타난다.

꿀의 종류는 수백 가지에 이르고, 각각의 특징은 어떤 꽃, 어떤 식물에서 얻었는지에 따라 달라진다. 따라서 다른 꿀보다 항균 작용이 더 강한 꿀도 있다. 항균 작용이 가장 강한 꿀은 마누카 꿀로, 아주 오랜 옛날부터 뉴질랜드 마오리족이 치료약으로 사용해 왔다. 마누카 꿀의 항균성은 많은 병원에서 메티실린내성 황색포도상구균(MRSA) 같은 슈퍼 박테리아의 치료제로 쓰일 만큼 강력하다.

꿀

여러 가지 질병을 치료하고 건강을 증진할 목적으로 소비될 뿐만 아니라 자상, 발진, 궤양, 종기를 다스리는 데에도 쓰인다. 꿀 속에 든 당분은 대기 중에서 수분을 뽑아 내 건조하고 민감한 피부, 상처나거나 화상을 입은 피부에 수분을 공급하는 습윤제로 작용한다. 따라서 꿀은 스크럽과 팩에 아주 좋은 첨가제이다.

허니 파우더(꿀 가루)는 용도가 매우 광범위하다. 허니 파우더는 다른 허브 가루와 혼합하거나 우유, 과일, 클레이 등과 함께 드라이 팩, 스크럽의 재료로 혼합해 쓰면 좋다.

허니 파우더(꿀 가루)

팁: 항균 세정제로 급히 만들어 쓰려면 소량의 꿀에 물을 잘 섞어서 탈지면에 적셔 닦아 낸다. 물로 세안한 후 보습제를 바른다.

달걀과 유제품

달걀

달걀흰자

달걀흰자는 페이스 팩의 베이스로 아주 좋은 재료이다. 달걀에 꿀, 오일, 크림, 신선한 요거트 등의 다른 재료들을 혼합하면 훌륭한 베이스 팩을 만들 수 있다. 달걀흰자는 모공을 수축시키고 블랙헤드와 여드름을 제거하며 피부의 탄력을 개선한다. 때로는 일시적인 리프팅의 효과를 볼 수 있다. 달걀흰자를 풀어서 붓으로 찍어 얼굴에 바른 다음 15분 정도 후에 씻어 낸 후 보습제를 바르는 아주 간단한 방법도 있다. 달걀흰자는 거품기로 가볍게 풀어 주면 피부에 쉽게 발라진다. 껍질을 깬 즉시 사용하도록 하고 남은 것은 버린다.

달걀노른자

달걀노른자를 얼굴에 직접 바르면 여드름과 잡티, 반점을 없애는 데 효과를 볼 수 있다. 이외에도 피부의 수분을 유지시키고 진정 작용을 함으로써 피부를 유연하고 탄력있게 만든다. 여드름이 고민인 사람은 간단하게 달걀노른자를 풀어서 얼굴에 바르고 15분 후에 물로 씻어 낸 뒤 보습제를 바른다. 달걀노른자도 즉시 사용하고 남은 것은 버린다.

주의: 유제품에 알레르기를 가진 사람은 스킨케어 레시피에도 유제품을 쓰지 않는 것이 좋다.

우유

우유, 크림, 사우어크림, 버터밀크, 산양유 등은 모두 젖산 속에 AHA(알파하이드록시산)을 함유하고 있다. AHA는 피부 세포를 서로 붙어 있게 해 주는 풀 같은 성분을 녹여 내서, 죽은 세포나 수분을 잃어 푸석푸석한 세포를 제거함으로써 새로운 피부 세포가 밖으로 드러나게 하는 천연의 산 성분이다. 연마제 역할을 하는 대부분의 페이셜 스크럽과는 달리, AHA는 부드럽게 각질을 제거하고 피부를 튼튼하게 해 준다. 우유나 크림을 베이스로 한 스크럽과 팩은 민감성 피부를 가진 사람들에게 이상적이다. 신선한 우유는 팩의 액티베이터로도 자주 쓰인다. 드라이 팩이나 스크럽에는 우유 대신 분유도 효과적이다.

요거트

요거트는 AHA를 함유하고 있는 부드러운 성질의 세정제이다. 간단하게 요거트 자체만으로도 페이스 팩으로 사용할 수 있지만, 꿀이나 허브, 과일 가루, 클레이, 에센셜 오일 등을 혼합해서 사용하면 효과가 더 크다. 요거트는 단백질, 리보플라빈, 칼슘, 비타민 B_{12} 등의 좋은 공급원이며 때로는 습진, 건선, 여드름, 피부 감염 등을 치료하는 데에도 쓰인다. 가능하다면 유기농 전지 요거트를 사용하도록 한다. 드라이 페이스 팩에는 요거트 가루도 좋다.

초콜릿

초콜릿은 열대 과일인 테오브로마 카카오 나무에서 얻는다. '테오브로마'는 '신의 음식'이라는 뜻인데, 초콜릿 애호가라면 이 나무가 왜 그런 이름으로 불리는지 이해가 갈 것이다.

카카오 열매는 피부를 보호할 뿐만 아니라 주름살과 노화를 막아 주는 항산화제의 보고로 알려져 있다. 카카오 열매는 이미 수천 년 동안 치료 목적으로 쓰였다.

고대의 도자기 그릇으로부터 나온 역사적인 증거로 보면, 마야 문명에서는 2500년 전부터 초콜릿을 먹거나 이용했다는 것을 알 수 있다. 카카오 열매가 유럽에 들어온 것은 1502년 크리스토퍼 콜럼버스가 마지막 아메리카 항해를 끝내고 돌아왔을 때였다. 콜럼버스가 과나야(온두라스)에 들어갔을 때 상품을 가득 싣고 거래를 위해 돌아다니는 카누를 만났는데, 그 카누 안에 카카오 열매가 가득 실려 있었다. 통역을 해 주는 사람이 없었기 때문에 콜럼버스는 상인들이 이 열매를 그토록 귀하게 여기는 이유를 알 수 없었다. 그는 카카오 열매가 귀한 음료의 원료일 뿐만 아니라 물질적 거래의 수단으로도 쓰일 만큼 값비싼 물건이라는 것을 알지 못했다. 오랜 세월이 흐르고 그가 죽은 지 한참이 지난 후에야 이 놀라운 열매의 진가가 알려졌다.

코코아 가루는 카카오 나무에 열리는 열매의 단단하고 짙은 갈색 육질로부터 얻고, 코코아 버터는 지방 성분으로부터 얻는다. 코코아 열매와 코코아 버터 모두 초콜릿의 원료가 된다. 코코아 열매의 육질은 여러 가지 면에서 건강에 도움을 주는 것으로 알려진 항산화 물질을 다량 함유하고 있다.

나무에 열린 꼬투리를 따 그 안에서 채취한 열매를 발효, 건조시킨 뒤 볶아서 껍질을 제거하고 빻아서 가루로 만든다. 열매의 50%는 지방(코코아 버터)이고 남은 단단한 부분이 코코아(초콜릿 가루)이다. 버터와 가루는 제조 공정이 각기 다르기 때문에 생산의 초기 단계에서부터 일찍 분리된다.

코코아 가루는 피부 세포와 조직에 손상을 입히고 노화를 부르는 것으로 알려진 활성 산화 물질을 제거해 준다. 다크 초콜릿은 인체에 중요한 미량 영양소들과 미네랄, 비타민은 물론 마그네슘, 칼륨, 칼슘, 철분을 함유하고 있다. 모두 피부에 영양분을 공급하는 데 도움을 주는 성분들이다. 초콜릿은 페이스 팩, 스크럽, 바디 랩에도 두루 쓰인다.

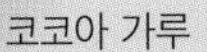
코코아 가루

과일과 채소

싱싱한 생과일과 채소 그리고 과즙은 쉽게 구할 수 있으면서 피부에는 여러모로 효과가 좋은 재료들이다. 이들은 다양한 종류의 비타민과 미네랄 성분을 다량 함유하고 있고 페이스 팩 재료로 그대로 쓸 수 있다.

팩이나 스크럽 등에 신선한 농산물을 사용할 경우에는, 만든 즉시 사용하고 남은 것은 냉장고에 보관하되 이삼 일 이내에 모두 사용해야 한다. 그보다 오랜 기간 보관하면 부패하거나 변질될 우려가 높다. 언제나 완전히 잘 익었거나 때로는 과숙된 부드러운 과일을 사용하는 것이 좋다. 과육이 단단한 과일의 경우에는 부드럽게 으깨기 어려워서 다른 재료와 혼합해 팩이나 스크럽을 만들었을 때 피부에 잘 밀착되지 않을 수 있기 때문이다.

먹다 남은 딸기, 과숙된 딸기로 만드는 싱싱한 페이스 팩은 일석이조의 식재료 활용 방법이다.

과일 가루는 비타민과 미네랄 성분을 보존하기 위해 신선한 과일을 분무 건조하여 만든 것이다. 과일 가루는 선택의 폭이 매우 넓을 뿐만 아니라 건조한 피부를 위한 페이스 팩이나 스크럽의 재료로 매우 훌륭하다. 잘 보관하기만 한다면, 대부분의 과일 가루는 18개월까지 보관할 수 있다. 가루 형태이지만 희미하게나마 원래의 과일 향(달콤새콤 맛있는!)을 보존하고 있는 경우가 대부분이다. 고급 뷰티 살롱이나 스파에서 제공하는 열대 과일 팩이나 바디 랩 중에도 과일 가루로 만든 것이 많다. 카리브해로 여행갈 여유가 없다면, 열대 과일로 직접 만들어 써 보는 것도 좋은 방법이다.

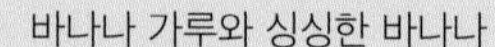
바나나 가루와 싱싱한 바나나

사과
Pyrus malus

사과에 들어 있는 과일산은 보습 작용과 함께 피부에 활력을 주면서 맑게 가꾸어 준다. 피곤하고 스트레스가 많은 피부, 건조하거나 노화된 피부를 건강하게 가꾸는 데에 좋다.

살구
Prunus armeniaca

살구는 비타민 A, 비타민 C, 칼륨, 철분, 인산염, 칼슘을 풍부하게 함유하고 있다. 이 성분들은 보습과 진정 작용을 해 건조한 피부나 노화 피부에 생기를 준다. 살구는 피부를 보호하고 불순물을 제거하는 데에도 도움을 준다.

아보카도
Persea gratissima

아보카도는 환상적인 보습제이자 피부를 위한 과일의 여왕이다. 영양이 풍부하며 건성 피부에 특히 효과가 좋다. 비타민 A는 피부의 생기를 회복시키고 비타민 E는 햇빛에 손상된 피부를 회복시킨다. 과숙된 아보카도를 으깨서 피부에 발랐다가 물로 씻어 내고 보습제를 바르는 것만으로도 훌륭한 팩이 된다.

바나나
Musa sapientum

바나나에는 칼륨과 민감성 피부 또는 건성 피부에 최적의 재료인 비타민 A가 다량 함유되어 있다. 과숙된 바나나를 으깨서 얼굴에 바르면 훌륭한 보습용 페이스 팩이 된다.

당근
Daucus carota

당근에는 피부 건조와 주름살을 막아 주는 베타카로틴이 풍부하다. 익혀서 으깬 당근은 습진과 상처, 화상, 여드름, 발진, 일광 화상 치료, 주름과 튼살 제거에도 도움을 준다.

오이
Cucumis sativus

오이는 피부를 진정시키는 데 효과가 있다. 페이스 팩을 할 때 양쪽 눈꺼풀 위에 얇게 썬 오이 조각을 올려 두면, 수분을 공급하고 피부에 생기를 되찾아 준다. 또한 발진, 블랙헤드를 치료하고 지성 피부, 주름살, 딸기코, 피부염을 치료하거나 일광 화상을 가라앉히는 데 쓰인다.

그레이프프루트
Citrus grandis

그레이프프루트는 피부의 해독과 토닝 효과가 있다. 항산화제가 풍부하며 그레이프프루트에 들어 있는 세정 성분은 여드름과 발진을 다스리는 데 유용하다.

구아바
Psidium guajava

구아바는 피부색을 화사하게 하고 탄력 있게 만들어 줄 뿐만 아니라 항노화 작용도 한다. 항산화 성분, 칼륨, 비타민 A, B, C가 풍부한 구아바는 피부 해독 작용으로 피부를 젊고 아름답게 한다.

키위
Actinidia chinensis

키위 과육 또는 가루는 항산화제와 비타민 C, E의 보고라고 할 수 있다. 콜라겐의 생성을 촉진하고 피부의 모공을 축소시킨다.

레몬
Citrus medica limonum

비타민 C가 풍부한 레몬은 피부에 좋은 성분을 여러 가지 가지고 있다. 과일산은 죽은 피부 세포를 제거해서 건강한 새 세포가 올라오게 하며, 수렴 성분은 지성 피부와 여드름에 탁월한 효과를 낸다.

망고
Mangifera indica

망고는 비타민 A, C와 베타카로틴 함량이 매우 높다. 망고는 주름을 예방하고 피부의 탄성을 회복시키며 건조한 피부에 수분을 공급하는 스킨케어 제품에 사용된다.

오렌지/만다린/귤
Citrus dulcis/Citrus nobilis/Citrus tangerina

이 세 과일은 비타민 C 함유량이 매우 높다. 비타민 C는 손상과 노화로부터 피부를 보호해 주는 아주 중요한 항산화 성분이다. 코코아 가루와 혼합하면 밝고 환한 피부색을 만들어 주는 환상적인 페이스 팩이 된다.

토마토
Solanum lycopersicum

토마토의 비타민과 미네랄, 철분과 칼륨 성분들은 수렴 효과를 갖고 있어서, 과도한 피지를 제거하고 모공을 수축시키는 데 도움을 준다. 또한 여드름과 발진, 블랙헤드, 점과 잡티를 없애는 데에도 쓰인다. 토마토를 반으로 잘라 얼굴에 가볍게 문지른 후 물로 씻어 내고 보습제를 바르면 훨씬 환하고 건강한 피부가 된다.

복숭아
Prunus persica

복숭아에는 비타민 C와 V, 칼륨, 인산염과 마그네슘이 함유되어 있다. 순한 수렴 성분을 갖고 있어서 피로에 지치고 건조해 칙칙한 피부를 되살려 준다.

파인애플
Ananas sativus

파인애플은 피부를 세정하고 생기를 되찾아 주며 각질을 제거하는 강력한 효소를 함유하고 있다. 칼륨, 칼슘, 비타민 C도 풍부해 활성 산소로 인한 손상을 복구하고 미세 주름과 검버섯을 억제해 유연하고 매끄럽게 빛나는 피부로 가꾸어 준다.

감자
Solanum tuberosum

생감자에는 각종 미네랄과 전분 그리고 단백질이 들어 있다. 감자를 얇게 저며 물에 적시면 자극받은 피부를 가라앉히는 데 효과가 크다. 감자를 얇게 저며 따뜻한 물에 살짝 적신 뒤 피부 위에 올려놓는다. 눈이 부었을 때도 얇은 감자 조각을 눈꺼풀에 올려놓은 채 5-10분 정도 있으면 붓기가 가라앉는다. 염증이 난 자리에도 효과를 볼 수 있다.

딸기
Fragaria vesca

딸기에는 노화 방지에 도움을 주는 비타민 C가 풍부하게 들어 있다. 피부의 불순물을 제거할 뿐만 아니라 안면의 홍조를 줄이고 부종을 다스린다. 순한 과일산을 함유하고 있어서 죽은 피부 세포를 제거하여 깨끗하고 화사한 피부로 가꾸어 준다.

파파야
Carica papaya

파파야는 각종 비타민으로 가득하다. 여드름과 발진, 늘어진 모공, 건조해서 푸석푸석해진 피부를 진정시키고 주름을 예방하는 데 쓰인다. 죽은 세포를 제거하는 데에도 뛰어난 효과가 있다. 각질을 제거하고 화사한 피부를 만들고 싶다면, 싱싱한 파파야를 피부에 문지르고 물로 씻어 내기만 하면 된다.

수박
Citrullus lanatus

수박에는 항염증, 해독, 보습 성분이 풍부하다. 칼륨과 비타민 C가 풍부해서 항산화 효과도 뛰어나다. 여드름과 발진이 생기는 것을 막는 것은 물론, 피부의 해독 작용과 재생 작용이 탁월하다.

에센셜 오일

에센셜 오일은 향기로운 식물에서 추출한다. 식물의 줄기나 잎, 열매, 씨앗, 뿌리, 송진, 꽃 또는 풀에서 추출되는 천연 향을 가지고 있으며 휘발성이 있는 액체이다. 에센셜 오일은 각기 특징적인 치료 효과를 가지고 있으며 오래전부터 살균제, 항바이러스제, 항진균제, 항균제로 쓰였다. 다양한 종류의 정신적, 신체적 질병을 다스리는 데 도움을 주는 아로마테라피에 폭넓게 쓰인다.

아로마테라피

아로마테라피는 식물성 아로마 오일의 향기를 들이마시거나 피부에 바르는 방법으로 신체를 치료하는 보조적이고 전신에 적용 가능한 치료의 한 형태이다. 에센셜 오일은 마사지, 흡입, 발향, 습포, 목욕, 스킨케어 제품 등의 여러 가지 방법으로 쓰이면서 일상적인 통증을 다스리고 긴장을 완화시키며 신체적, 정신적, 정서적 건강을 개선하는 데 도움을 준다.

특정한 향기는 과거의 기억을 되살리기도 하고 기분을 바꾸는 요인이 되기도 한다. 예를 들어, 장미 향기가 가득한 정원을 걸으면 마음이 진정되면서 기분이 좋아지지만, 지저분하고 역한 냄새가 뒤덮인 거리를 걷게 되면 그 반대의 효과가 나타나는 것이다. 이와 똑같이 에센셜 오일은 우리의 심리 상태에 영향을 미친다. 라벤더 에센셜 오일의 향기를 맡으면 기분이 풀리며 마음이 차분하게 가라앉고 스트레스가 풀린다. 반면에 레몬 향기는 우리의 감각을 일깨우고 힘이 솟게 하며 마음을 상쾌하게 해 준다.

'아로마테라피'라는 말이 처음 생긴 것은 1920년대, 프랑스의 화학자 르네-모리스 가트포세에 의해서였다. 아로마테라피는 말 그대로 '아로마를 이용한 치료'이다. 가트포세는 팔을 데었을 때 손 닿는 곳에 있었던 라벤더 오일을 바르자 화기가 가라앉는 것을 경험하고 에센셜 오일이 치료와 살균 작용을 한다는 것을 알게 되었다. 이때 진통 효과와 빠른 치료 작용을 경험한 그는 평생토록 에센셜 오일에 대한 연구에 매달렸다. 1964년 장 발네 박사는 부상병 치료에 에센셜 오일을 사용하면서 가트포세의 연구를 더욱 발전시켰고, 아로마테라피스트의 성경이라 불리는《아로마테라피 치료》를 출판했다.

아로마테라피는 가장 널리 알려진 보완적인 치료술 중의 하나가 되었다.

안전하게 사용하려면

에센셜 오일은 그 자체만을 직접 피부에 사용해서는 안 되고, 반드시 캐리어 오일과 함께 써야 한다. 작용성이 매우 강하기 때문에 화장품에도 소량만 사용된다. 따라서 레시피에 제시된 용량을 지키는 것이 좋다. 에센셜 오일 중에는 일정한 비율 이상 사용해서는 안 되는 것들도 있다. 레시피에 따라 만들기 전에 반드시 에센셜 오일의 사용에 대한 정보를 확인해야 한다. 피부 알레르기가 있는 경우에는 먼저 패치 테스트를 해 보고 사용하도록 한다.

에센셜 오일은 절대로 먹거나 마셔서는 안 되며, 어린이나 반려동물에게 닿지 않는 곳에 보관해야 한다. 어떤 에센셜 오일이든 눈에 들어갔을 때에는 즉시 깨끗한 물로 씻고, 비정상적인 증상이 느껴질 때에는 곧바로 의사에게 보여야 한다.

시트러스 계열의 열매로부터 추출한 에센셜 오일(그레이프프루트, 베르가못, 오렌지, 레몬, 페티그레인, 라임)은 광독성을 가지고 있어서 햇빛에 노출되면 증상이 나타날 수 있다. 따라서 이 종류의 에센셜 오일을 사용한 후에는 12시간 이내에 햇빛에 직접 노출되지 않도록 한다.

에센셜 오일은 다양한 의학적 증상을 완화시키는 데 이용되어 왔지만, 아로마테라피는 보조적인 치료 방법일 뿐이므로 의학적인 처방을 대체할 수는 없다.

라벤더, 제라늄, 캐모마일, 만다린, 야로우(서양톱풀) 등을 제외한 대부분의 에센셜 오일은 7세 이하의 어린이에게는 사용하지 않는다. 사용 가능한 에센셜 오일도 총량의 0.5% 이내로 제한해야 한다. 이 에센셜 오일들로 레시피에 적혀 있는 다른 에센셜 오일들을 대체할 수 있지만, 필요할 경우에는 합성 프래그런스 오일을 쓰는 것도 가능하다.

안전을 위한 조언

다음과 같은 경우, 시술 자격자 또는 의료진의 조언을 구하도록 한다.

- 고혈압, 간질 등의 질병을 가진 경우
- 정신병 치료 또는 의학적 치료를 받고 있는 경우
- 약을 복용하고 있는 경우
- 임신 중이거나 수유 중인 경우
- 아로마테라피로 어린이를 치료하고자 하는 경우

라벤더는 가장 대중적으로 널리 쓰이는 에센셜 오일이다. 어린아이들에게 이르기까지 거의 모든 사람들에게 사용할 수 있다.

보관

에센셜 오일은 짙은 색의 유리병 또는 작은 단지에 담아 건냉소에 보관해야 한다. 올바르게만 보관한다면 대부분의 에센셜 오일은 여러 해 사용할 수 있지만, 시트러스 계열의 오일은 구입 후 1년 정도 지나면 원래 갖고 있던 성질을 잃어버린다. 향수처럼 에센셜 오일도 산소에 노출되면 에센셜 오일로서의 효용이 감소한다. 따라서 오일 병 속에서 오일의 표면과 병의 입구 사이의 빈 공간을 가능한 한 줄여야 한다.

에센셜 오일이 묻으면 옷가지나 목재의 표면이 손상될 수 있으므로, 사용하기 전에 가구의 표면이나 옷에 묻지 않도록 커버를 씌우거나 종이 등으로 덮어 둔다.

에센셜 오일 사용량

페이스 팩

한 번 사용할 분량의 페이스 팩에 액티베이터를 섞을 때 2-3방울 정도 떨어뜨린다.

바디 랩

모든 재료를 혼합한 혼합물 총량의 1% 정도가 적당하다. 액티베이터를 섞을 때 첨가한다. 대략 바디 랩 1회용 혼합물에 1/4-1/2 티스푼(1.12-2.5ml 또는 25~50방울) 정도가 적당하다.

스크럽

총량의 3%까지 에센셜 오일을 첨가할 수 있다. 예를 들면, 100g 정도 무게의 스크럽이라면 3ml(60방울) 정도까지가 적당하다. 그러나 페퍼민트, 블랙 페퍼 또는 티트리 오일의 경우에는 1% 이상 첨가하지 않도록 한다.

몇 가지 에센셜 오일들

에센셜 오일의 종류는 이 책에 다 실을 수 없을 정도로 많기 때문에 가장 유용하고 구하기 어렵지 않은 몇 가지를 골랐다. 간략한 설명과 함께 77쪽에 각 에센셜 오일의 특징과 효능을 한눈에 볼 수 있는 차트를 실었다.

블랙 페퍼
Piper nigrum

주요 용도: 몸을 따뜻하게 할 때. 근육통 완화

향기: 신선하고 따뜻하며 날카롭게 톡 쏘는 듯한 나무 향

원산지: 가장 오랜 역사를 가진 향료의 하나로, 수천 년 전부터 식품을 저장하거나 맛을 내는 데 쓰였고 때로는 통화로 쓰이기도 했다. 검은 후추인 블랙 페퍼는 인도와 인도네시아에서 나는 고가의 소비재였으며, 무역 거래를 통해 전 세계로 퍼져나갔다. 영어로 누군가에게 '격려의 말을 해 주다.'라는 뜻의 'Pep talk'이나 'Pep to you' 같은 말의 'Pep'이 후추를 뜻하는 'peper'에서 온 말이다. 후추가 에너지와 활기를 내게 하고 기운을 돋우기 때문이다. 블랙 페퍼 에센셜 오일은 약간 덜 익은 후추 열매를 말려서 으깬 뒤 증류 추출하여 얻는다.

치료 효능: 몸을 따뜻하게 하고 자극을 주는 블랙 페퍼의 성분은 혈액 순환을 증가시켜서 손발이 찬 사람이나 동상에 걸린 사람, 원기 부족으로 허약한 사람에게 좋다. 후추의 항박테리아 성분은 감기나 독감, 바이러스로 고생하는 사람들에게 특히 효과가 있다. 류머티즘, 노화된 사지의 통증과 근육통, 근육 경직 등의 치료제로도 쓰인다. 블랙 페퍼 에센셜 오일은 타박상, 셀룰라이트, 근육 긴장 등의 해소와 소화 작용을 돕고 변비 치료에 도움을 준다. 또 신장, 빈혈, 비장과 관계된 질병, 식욕 부진, 복부 팽만 등의 치료에도 효과가 있다. 최음 성분도 있는 것으로 알려져 있다.

혼합: 샌달우드, 프랭킨센스, 주니퍼, 로즈마리, 카다멈, 펜넬, 시더우드, 진저, 베르가못, 네롤리, 클라리 세이지, 클로브, 코리앤더, 제라늄, 그레이프프루트, 라벤더, 레몬, 라임, 만다린, 세이지, 일랑일랑 등과 잘 어울린다.

주의: 총량의 1%를 넘지 않도록 한다.

(로만) 캐모마일
Anthemis nobilis

주요 용도: 염증과 스트레스 완화

향기: 상쾌하고 달콤한 풀 향기, 사과 향과 비슷한 싱싱한 향기

원산지: 로만 캐모마일은 유럽 남부와 서부가 원산지로, 수백 년 전부터 여러 증상의 치료에 쓰였다. 로만 캐모마일은 꽃을 밟으면 에센셜 오일을 뿜어내면서 향긋한 향기를 퍼뜨린다. 캐모마일 오일은 꽃을 증류 추출하여 얻는다.

치료 효능: 가장 순한 에센셜 오일 중 하나인 캐모마일은 유아와 어린이를 위한 제품에 많이 쓰인다. 특히 복통이나 치과 계통에 문제가 있을 때 효과 있다. 진정과 안정 작용을 하는 캐모마일 오일은 신경성 소화 불량, 복통, 설사 등에 좋은 진정제로도 알려져 있다. 수천 년 전부터 근육의 긴장을 풀어 주고 복통 또는 경련을 다스리는 데에도 쓰여 왔다. 관절염, 요통, 류머티즘, 신경통, 생리통, 편두통, 염증, PMS(월경전 증후군), 천식, 건초열 등에도 효과가 있다. 벌레에 물리거나 쏘인 자리, 여드름, 습진, 피부염, 발진 외에도 산후 우울증, 불면증, 스트레스, 식욕 부진 등에도 도움을 준다.

혼합: 클라리 세이지, 베르가못, 라벤더, 레몬, 자스민, 티트리, 그레이프프루트, 일랑일랑, 마조람, 로즈 제라늄

유칼립투스

Eucalyptus globulus

주요 용도: 호흡기 질환 및 근육통

향기: 약초 향, 날카롭고 싱그러우면서 나무 향이 가미된 장뇌 향

원산지: 호주의 애보리진들은 오래전부터 유칼립투스를 약초로 사용했다. 유칼립투스 에센셜 오일은 갓 딴 잎이나 살짝 건조시킨 잎, 또는 어린 가지를 증류 추출하여 얻는다.

치료 효능: 진정과 안정, 청량, 탈취 작용을 하는 유칼립투스는 열병, 말라리아, 폐렴, 감기, 독감, 홍역, 수두, 기관지염, 천식, 부비강염, 기관지 감염, 콧물감기 등을 완화하는 데 쓰인다. 두통을 가라앉히고 집중력을 높이는 효과가 있고, 벌레에게 물린 상처, 근육통, 류머티스성 관절염, 뻣뻣해진 관절, 염좌, 운동 중 부상으로 인한 통증을 완화시키기 위한 진통제는 물론 순환계 개선을 위한 치료제로도 쓰인다. 항박테리아, 항진균 성분을 함유하고 있어서 궤양, 상처, 방광염, 포진, 부스럼, 발진, 울혈성 피부, 무좀, 요도 및 생식기 감염 등에도 효과가 있다.

혼합: 사이프러스, 라벤더, 마조람, 레몬그라스, 타임, 티트리, 레몬, 파인

주의: 체내에서 들어가면 유독하기 때문에 절대로 마시거나 삼켜서는 안 된다. 어린이나 반려동물에 닿지 않게 관리한다.

프랭킨센스

Boswellia carterii

주요 용도: 노화 피부, 명상

향기: 상쾌한 향의 톱 노트(가장 먼저 느껴지는 향-옮긴이)에 나무 향과 송진 향이 깃든 달콤한 언더톤(잔향으로 나중까지 남는 향-옮긴이)

원산지: 프랭킨센스는 보스웰리아 나무의 껍질에서 얻을 수 있는 천연 올레인 수액이다. 보스웰리아 나무는 인도의 서부와 아라비아 남부, 아프리카 북부의 산악 지대에서 자라는 나무로, 이 나무의 껍질에 상처를 내면 그곳에서 우윳빛의 수액이 스며 나온다. 이 수액이 굳으면 단단한 황갈색의 수지가 남는데, 이것을 증류 추출한 것이 프랭킨센스 에센셜 오일이다. 이 오일은 여러 고대 문명에서 쓰인 기록이 있는데, 심지어는 고대 이집트 문명에서도 쓰였다. 프랭킨센스라는 이름은 '순수하다'는 뜻의 프랑스어 '프랑크'와 '연기'를 뜻하는 라틴어 '인센숨'에서 비롯되었다. 이 에센셜 오일로 피워 내는 '순수한 연기'는 종교 의식이나 병자를 위한 훈증에 널리 쓰였다.

치료 효능: 고대 이집트인들이 미이라를 만드는 과정에 프랭킨센스 오일을 사용한 것을 생각하면, 이 에센셜 오일이 원기 회복과 건조하고 노화된 피부의 관리, 주름살 예방, 상처와 궤양 치료 등에 쓰이는 것도 충분히 이해가 가는 일이다. 항염증, 수렴 성분을 가진 프랭킨센스는 천식, 후두염, 기관지염, 콧물감기 등을 치료하는 데 쓰인다. 페이스 팩에 몇 방울 첨가하면 폐를 깨끗하게 하고 감기와 기침 증상을 가라앉히며 호흡을 고르게 하고 마음을 진정시키므로 스트레스와 불안, 긴장을 풀기 위한 명상에도 이상적이다.

혼합: 바질, 네롤리, 파인, 미르라, 베티버, 시더우드, 오렌지, 샌달우드, 라벤더, 로즈 제라늄, 베르가못, 레몬

생강

Zingiber officinale

주요 용도: 순환 촉진, 감기 및 독감 치료

향기: 화끈하고 건조하며 자극적인 향. 알싸하며 달콤하다.

원산지: 생강은 오랜 옛날부터 인도에서 요리용 향료와 말라리아, 류머티즘, 치통 치료제로 쓰였다. 유럽의 향료 무역로를 거쳐 그리스와 로마에서도 널리 사용되었다.

치료 효능: 몸을 따뜻하게 하고 신체의 여러 기관을 조율하는 기능을 하는 생강은 감기, 독감, 열병, 폐 질환, 호흡기 질환을 치유하고 순환을 촉진하는 데 쓰였다. 진통 성분이 있기 때문에 근육통, 관절통, 류머티즘, 동상을 완화시키고 멍을 가라앉히며 면역 체계를 강화시킨다. 중국에서는 구토증, 멀미를 다스리거나 소화 불량 환자에게 약으로 썼으며, 위통과 설사는 물론 심장을 자극하거나 임산부의 입덧을 가라앉힐 때에도 생강을 썼다. 생강은 또한 최음제로도 알려져 있다.

혼합: 시트러스 계열의 모든 오일, 톡 쏘는 향이 나는 오일과 잘 어울리며, 특히 베르가못, 블랙 페퍼, 프랭킨센스, 네롤리, 로즈 제라늄, 샌달우드, 베티버, 주니퍼, 일랑일랑, 시더우드 등과 잘 어울린다.

주의: 민감성 피부에는 염증을 일으킬 수 있다.

그레이프프루트

Citrus grandis

주요 용도: 해독과 원기 회복

향기: 새콤달콤한 시트러스 향

원산지: 그레이프프루트는 오렌지와 서인도제도가 원산지로 알려진 포멜로를 교배하여 얻어진 과일이다.
그레이프프루트라는 이름은 마치 포도송이처럼 덩어리를 이루며 나무에서 열매를 맺기 때문에 붙여진 이름이다. 지금은 미국, 중국, 남아프리카와 이스라엘에서 집중적으로 재배되고 있다.
그레이프프루트 에센셜 오일은 이 과일의 껍질을 압착하여 얻는다.

치료 효능: 기운을 북돋고 원기를 회복시켜 주는 그레이프프루트 오일은 스트레스와 우울증을 다스리고 신경의 소모를 막는 것으로 알려져 있다. 무기력하고 원기가 부족하다고 느끼거나 시차로 고생하는 사람, 과음이나 숙취로 부담을 느끼는 사람이 그레이프프루트 오일을 쓰면 기운을 회복할 수 있다. 이 오일은 또한 림프계를 자극해 순환을 촉진하고, 변비, 소화 불량, 간과 신장의 문제를 해소한다. 비만, 수분 저류, 셀룰라이트, 근육 피로와 경직 등을 푸는 데에도 도움을 준다. 비타민 C가 많아 감기나 면역력이 약해져 고생하는 사람들에게도 유용하다. 순한 수렴성을 갖고 있어서 피부의 피지를 최소화하고 발진이나 여드름을 억제한다. 피부색을 관리하는 데에도 좋다.

혼합: 베르가못, 팔마로사, 제라늄, 프랭킨센스, 유칼립투스, 파인

주의: 약간의 광독성이 있기 때문에 이 오일을 사용한 후 12시간 이내에는 햇빛에 노출하지 않는 것이 좋다. 에센셜 오일이 햇빛과 반응하여 피부를 자극할 수 있다.

라벤더

Lavandula angustifolia

주요 용도: 치유와 긴장 완화

향기: 가볍고 부드러운, 달콤한 꽃향기

원산지: 지중해가 원산지이며 프랑스의 프로방스 지역에서도 오래전부터 대규모로 재배되었다. 그 외에도 영국, 이탈리아, 모로코, 아프리카, 인도에서도 재배된다. 라벤더는 고위도 지역에서 재배된 것이 품질이 더 좋은 것으로 알려져 있다. 로마인들은 목욕을 할 때 라벤더 에센셜 오일을 이용했으며, 실제로 라벤더라는 이름은 목욕 또는 세수를 뜻하는 '라바르'에서 유래했다. 라벤더 에센셜 오일은 종기나 상처를 치료하는 데 쓰였고, 1차 세계 대전 중에는 병원에서 소독제로 쓰이기도 했다. 라벤더는 잎도 향이 강하지만, 에센셜 오일은 꽃잎을 증류하여 얻는다. 향수 제조에 널리 쓰이는 라벤더는 다른 에센셜 오일과도 두루 혼합하여 사용한다.

치료 효능: 구급약으로 이상적인 오일로, 매우 유용하고 쓸모가 많다. 치료 효능도 다양해서, 붓기를 가라앉히고 상처를 치유하며, 화상, 벌레에 쏘이거나 물린 상처, 정신적인 충격을 진정시키는 데에도 효과가 있다. 진통 효과와 스트레스 완화 효과도 뛰어나다. 라벤더는 아주 오랜 옛날부터 스트레스와 긴장, 여드름과 불면증, 신경통, 습진, 건선, 구내염, 피부염, 안면 홍조, 흉터 제거 등에도 쓰여 왔다. 관자놀이에 문지르면 두통과 편두통을 가라앉히고 수면, 긴장 완화에 도움을 준다. 페이스 팩의 재료로서도 뛰어나다. 라벤더 워터도 페이스 팩이나 바디 랩의 액티베이터로 매우 훌륭하다.

혼합: 모든 오일과 잘 어울린다.

레몬

Citrus medica limonum

주요 용도: 면역력 강화, 살균 소독

향기: 상큼하고 신선한 시트러스 향

원산지: 레몬 나무는 인도와 중국이 원산지이며, 12세기에 중국과 중동으로 전파되었다. 레몬 오일은 싱싱한 레몬 껍질을 냉각 압착하여 추출한다.

치료 효능: 레몬의 수렴 성분은 여드름, 발진, 사소한 상처, 종기 등의 피부 트러블을 줄인다. 또한 체내의 산성을 줄여 소화 불량, 관절염, 류머티즘, 복부 팽만 등의 해소에 도움을 준다. 레몬 오일은 면역력을 강화시켜 주고 감기와 독감을 치료하는 데 도움을 주며 무기력감과 피로 회복에도 효과가 있다. 사기를 북돋워 주고 정신을 자극해 집중력을 높여 준다. 또한 우울증, 스트레스, 고혈압, 정맥류 등을 치료하고 순환을 촉진하기 위한 아로마테라피에도 자주 쓰인다. 림프계의 순환을 도우며 비만과 셀룰라이트를 해소한다.

혼합: 라벤더, 로즈 제라늄, 샌달우드, 벤조인, 유칼립투스, 펜넬, 주니퍼, 네롤리

주의: 광독성이 있기 때문에 이 오일을 사용한 후 12시간 이내에는 햇빛을 보지 않는 것이 좋다. 민감한 피부를 자극할 수 있다.

만다린(귤)

Citrus nobilis

주요 용도: 피부 정돈, 소화 촉진

향기: 코를 쏘는 듯한 새콤함과 꽃향기가 섞인 달콤함

원산지: 중국과 극동 지역이 원산지로, 중국에서 관리들에게 귤을 바쳤던 전통으로부터 관료라는 뜻의 '만다린'이라는 이름이 붙었다. 만다린 오일은 귤의 껍질을 압착하여 추출한다.

치료 효능: 아주 오래전부터 막힌 모공과 지성 피부를 깨끗이 하고 여드름을 없애며 튼살을 치료하고 순환을 촉진하는 데에도 쓰였다. 대사 작용을 조절하고 지방을 분해하는 데 도움을 주기 때문에 수분 저류와 비만, 셀룰라이트를 제거하는 데 유용하다. 체중을 줄인 뒤의 피부 탄력과 피부색 관리에도 탁월하다. 위경련과 신경성 소화 불량, 장에 가스가 차는 증상, 설사와 변비를 치료하는 데에도 쓰인다. 마음을 가라앉히고 신경을 진정시키는 성질이 있어 신경 장애, 스트레스, 불면증에 효과적이다. 매우 순하고 긴장을 이완시키는 오일이기 때문에 과잉 행동 장애를 가진 어린이를 진정시키거나 노인들을 치료하는 아로마테라피에도 자주 쓰인다.

혼합: 캐모마일, 라벤더, 프랭킨센스, 베르가못, 클라리 세이지, 주니퍼, 넛맥, 니롤리 등과 잘 어울린다.

패출리

Pogostemon cablin

주요 용도: 우울증과 흉터 치료

향기: 달콤한 흙 냄새가 깔린, 나무 향과 사향이 섞인 자극적인 향

원산지: 아시아의 열대 지역이 원산지인 이 오일은 향이나 향수로 쓰이거나 벌레, 나방 등을 쫓는 용도로도 쓰였다. 이 오일은 잎을 증류 추출하여 얻는다.

치료 효능: 불안과 우울증, 정신적인 긴장 등 스트레스와 관련된 증상 등을 완화하고 진정시키는 효과가 있다. 흉터, 튼살, 여드름 등의 흔적을 없애거나 건조하고 갈라진 피부, 또는 노화 피부를 관리하는 데 쓰인다. 살균, 항염증 성분을 갖고 있어 습진, 염증, 피부염 등을 치료하는 데 도움이 되며 셀룰라이트를 없애는 데에도 효과적이다. 항박테리아, 살충, 살진균 성분이 있어서 농가진이나 무좀에도 좋다. 옛날에는 최음제로도 쓰였다.

혼합: 베르가못, 라벤더, 로즈 제라늄, 캐모마일, 클라리 세이지, 시더우드, 미르

페퍼민트

Mentha piperita

주요 용도: 원기 회복, 소화 촉진

향기: 달달한 느낌과 함께 상큼하고 강렬한 민트 향

원산지: 강한 향을 풍기는 페퍼민트는 치료용 약초로 쓰인 오랜 역사를 가지고 있다. 페퍼민트가 쓰인 흔적은 1만 년 전까지 거슬러 올라간다. 오일은 증기 증류로 얻는다.

치료 효능: 페퍼민트 오일은 냉각 작용과 함께 원기를 회복시켜 준다. 정신적인 피로감이나 두통, 편두통이 있을 때 사용하면 집중력을 높여 준다. 구토, 입덧, 멀미, 위경련, 과민성 대장증후군, 소화 불량, 복부 팽만 등의 소화 장애를 다스릴 때도 물론이지만 딸꾹질이 일어날 때도 효과가 있다. 페퍼민트는 근육통, 요통, 신경통, 타박상, 관절통, 그리고 벌레 물렸을 때 진통제로도 쓰인다. 기침, 감기, 독감, 기관지염, 부비동염, 천식 등을 다스릴 때 코막힘을 풀기 위해서도 쓰인다. 바디 스크럽에 페퍼민트 오일 몇 방울을 떨어뜨리면 감각을 깨우고 순환을 촉진시켜 활기를 돋구고 기분을 상쾌하게 해 준다.

혼합: 로즈마리, 블랙 페퍼, 유칼립투스, 라벤더, 마조람, 생강, 레몬

주의: 민감성 반응을 일으키는 경우가 종종 있기 때문에, 총량의 1%를 넘지 않게 사용하는 것이 좋다.

로즈 제라늄

*Pelargonium graveolens*와 *Pelargonium rosa*

주요 용도: 피부 트러블 해소, 진정 작용

향기: 상큼하고 칼칼하면서 달콤한 장미 향

원산지: 제라늄은 남아프리카, 마다가스카르, 이집트, 모로코가 원산지이다. 제라늄 에센셜 오일에는 몇 가지 종류가 있는데, 로즈 제라늄은 그중 하나이다. 지금은 향수 산업의 발달로 로즈 제라늄을 재배하는 지역이 확대되었다. 잎을 증류하여 에센셜 오일을 얻는데, 로즈 오일 대용으로 쓰이기도 한다.

치료 효능: 로즈 제라늄은 항우울, 감염 예방, 항염증제로 쓰이며, 피지 분비를 조절하여 피부의 균형을 맞추어 주기 때문에 건성 피부나 지성 피부 모두에 유용하다. 상처를 치유하는 효과가 뛰어나기 때문에, 로즈 제라늄 오일은 예부터 발진과 흉터, 여드름, 화상, 멍, 습진 등을 치료하는 데 쓰였다. 이외에도 치질, 담석증, 황달, 궤양, 상처를 치료하고 백선과 머릿니를 없애는 데에도 효과가 있다. 스트레스와 긴장, 불안과 우울증, 월경전 증후군, 호르몬 불균형, 과다 월경 등을 다스리는 데에도 쓰이며 신경통, 근육통, 대상포진 등으로 인한 통증을 줄인다. 로즈 제라늄은 이뇨 작용을 촉진하기 때문에 림프계를 자극하여 독소를 배출하고 부종과 셀룰라이트를 해소하는 데 도움을 준다. 열을 식히고 진정시키는 성질이 있어서 위장염, 설사, 위통을 다스려 준다.

혼합: 바질, 베르가못, 시더우드, 그레이프프루트, 로즈마리, 클라리 세이지, 라벤더, 자스민, 레몬, 오렌지, 네롤리, 라임

로즈마리

Rosmarinus officinalis

주요 용도: 근육 통증과 순환 문제 해소

향기: 약초 향, 장뇌 향이 섞인 싱싱하고 강렬한 향

원산지: 지중해가 원산지로, 지금도 그 지역에서 많이 재배되고 있다. 수천 년 동안 로즈마리는 악령을 쫓아내고 환자를 치유하는 성스러운 허브로 여겨졌다. 로즈마리 오일은 꽃과 잎, 가지를 증기 증류로 추출해 얻는다.

치료 효능: 로즈마리 오일은 진통 효과가 있어서 관절염, 류머티즘, 근육통, 염좌, 생리통은 물론, 과로한 근육의 피로를 푸는 데에도 쓰인다. 혈액이 신경계와 뇌까지 잘 순환하도록 도와주며 집중력을 높인다. 두통과 편두통을 없애고 기억력을 촉진한다. 간과 담낭의 기능을 촉진시키는 강장제로도 쓰이고, 감기, 독감, 소화 불량, 저혈압, 두근거림, 순환 문제를 치료하는 데 종종 쓰인다. 또한 전통적으로 발작적인 복통, 담낭의 감염, 복부 팽만, 설사, 대장염, 간 질환 등에 쓰여 왔다. 로즈마리 오일은 모발 제품에도 많이 쓰인다. 헤어 팩에 로즈마리 에센셜 오일을 몇 방울 섞으면 두피를 강화하고 탈모, 비듬을 가라앉히며 옴과 머릿니를 없애면서 새 모발이 나도록 도와준다.

혼합: 시더우드, 제라늄, 베르가못, 바질, 라벤더, 레몬그라스, 페퍼민트

주의: 고혈압 환자나 임산부에게는 사용하지 않는다.

티트리

Melaleuca alternifolia

주요 용도: 항박테리아, 항염증

향기: 신선하고 강렬하며 톡 쏘듯 자극적이다.

원산지: 뉴 사우스 웨일즈, 호주가 원산지이며 호주 애보리진들은 오래전부터 티트리를 소독제나 각종 치료 목적으로 사용했다. 18세기에 쿡 선장이 이 식물의 잎을 끓여 만든 차를 괴혈병 치료제로 쓰는 것을 보고 티트리라고 부르기 시작했다고 한다. 잎과 잔가지를 증류하여 에센셜 오일을 얻는다.

치료 효능: 티트리 에센셜 오일은 면역을 강화하여 인체가 감염되는 것을 막고 충격으로부터 보호하며 정신을 강하게 하는 데 쓰였다. 근육통과 천식, 기관지염, 감기, 부비동염, 백일해, 종기, 결핵, 여드름, 화상, 지성 피부, 무좀, 물집, 굳은살, 자상, 부스럼, 사마귀, 단순포진, 피부 잡티, 벌레에 물리거나 쏘인 상처 등을 치료하는 데에도 효과가 있다. 항바이러스, 항박테리아, 항진균, 항균성을 갖고 있어서 감기와 바이러스 감염, 피부 감염, 칸디다성 질염, 생식기 감염, 방광염, 포진을 가라앉히는 데에도 유용하다.

혼합: 클로브, 라벤더, 유칼립투스, 로즈마리, 레몬, 파인, 타임

주의: 민감한 사람들도 있다. 농도가 1%를 넘지 않게 사용한다.

에센셜 오일 치료 효능표

	블랙 페퍼	캐모마일	유칼립투스	프랭킨센스	생강	그레이프프루트	라벤더	레몬	만다린	패출리	페퍼민트	로즈 제라늄	로즈마리	티트리
여드름		●	●	●		●	●	●	●	●		●		●
항균		●	●				●	●		●		●	●	●
항진균			●				●			●				●
소독	●	●	●	●	●	●	●	●		●	●	●		●
항염증		●	●	●			●					●		
셀룰라이트	●		●			●		●	●	●		●	●	
혈액 순환	●		●	●				●	●		●		●	
정신 집중			●	●							●		●	
기침			●	●	●						●		●	●
상처			●	●			●	●		●				●
우울		●				●	●	●		●	●	●	●	
디톡스	●					●		●				●		
소화	●				●	●		●	●		●		●	
건성 피부				●						●		●		
습진		●					●			●		●		
피로	●				●			●		●	●		●	
두통			●			●	●	●			●		●	
마음 안정		●	●	●			●	●		●		●		●
불면증		●		●			●					●		
근육통	●	●	●			●	●				●	●	●	●
지성 피부						●		●	●	●		●		●
건선		●					●			●		●		
류머티즘	●	●	●	●			●	●			●		●	
피부 트러블		●	●	●			●			●		●		●
흉터				●			●		●	●		●		
스트레스		●		●	●	●	●	●	●	●	●	●		

식물성 오일(고정유)

'고정유(fixed oil)'라는 표시가 있는 오일은 휘발되거나 물에 녹지 않는 기름이라는 뜻이다. 고정유는 연화제로서의 기능이 매우 좋기 때문에 마사지를 하거나 바디 스크럽을 만들 때 캐리어 오일로 자주 쓰인다. 반면에 보통 에센셜 오일이라고 불리는 정유(精油)는 휘발성이 있으며 물에 녹는다. 에센셜 오일은 향이 매우 좋고 고유의 기능이 있어서 고정유와 혼합해야 안전하게 피부에 사용할 수 있다.

고정유는 다양한 종류의 식물 씨앗과 견과류, 곡물로부터 얻는다. 활성 산소는 피부에 나쁜 영향을 끼치는데, 고정유의 대다수가 이 활성 산소를 제거하거나 억제하는 항산화 성분을 갖고 있다. 그 외에도 피부를 치료하거나 재생시키는 기능을 가지고 있어서 습진, 건선 등으로 손상된 피부를 치료하는 데 쓰이거나 흉터, 주름 등을 줄이는 데 쓰인다. 천연 오일의 항균 기능에 대한 연구 결과들을 보면 어떤 오일들은 박테리아의 양을 줄이기도 한다.

식물성 오일은 전통적으로 압착, 분쇄를 통해 얻거나 씨앗, 견과, 낟알 등을 정제시켜 얻는데, 실온에서 액체 상태로 존재한다. 전통적인 '냉압식' 추출법은 씨앗으로부터 최상품의 오일을 얻는 방법으로, 이 방법으로 추출한 오일은 천연의 상태와 가장 가까운 성분을 유지한다. 오일은 말 그대로 씨앗을 짜거나 압착해서 얻은 다음 정제 과정을 거치면서 침전물이나 껍데기를 걸러 낸다. 씨앗이나 견과에는 식물의 생장에 필수적으로 필요한 여러 가지 종류의 필수 지방산과 비타민, 미네랄과 함께 항산화, 항염증, 보습 성분 등이 함유되어 있다.

인퓨즈드 오일

허브를 캐리어 오일에 담가 두면 휘발성을 가진 치료 성분들이 캐리어 오일에 녹아든다. 이렇게 허브의 유효 성분들을 우려 낸 오일을 인퓨즈드 오일이라고 한다. 인퓨즈드 오일은 피부에 직접 사용할 수도 있고 스크럽이나 팩에 이용할 수도 있다.

베이스 오일 또는 캐리어 오일

어떤 오일들은 바디 스크럽의 피부를 부드럽게 해 주는 에몰리엔트 베이스로 특히 유용하다. 여기에 보다 값비싼 인퓨즈드 오일을 혼합해 사용하면 효과가 더 높아진다. 베이스 오일 자체로도 피부에 좋은 성분을 많이 갖고 있고 빨리 스며들기 때문에 간편하게 피부에 직접 사용해도 좋다.

주의: 견과류 알레르기가 있는 사람은 레시피에 견과류가 포함된 오일이 있는지 미리 살펴보아야 한다.

살구

포도씨 오일

헴프(대마)

살구씨 오일

Prunus armeniaca

스윗 아몬드나 복숭아 오일과 비슷한 이 가벼운 오일은 살구씨의 핵을 압착해서 얻는다. 필수 지방산인 리놀레산과 올레산이 풍부한 살구씨 오일은 민감성 피부나 수분이 부족한 피부, 노화 피부에 영양을 공급해 주는 유익한 오일이다. 미세 주름을 억제하고 민감한 피부에 잘 어울린다. 피부 흡수력이 좋아 베이스 오일로 아주 훌륭하다.

옥수수 오일

Zea mays

옥수수 오일은 옥수수의 씨눈에서 추출한다. 비타민 E와 필수 지방산 함량이 높고, 스크럽의 베이스 오일로 쓸 수 있는 저렴한 오일이다.

포도씨 오일

Vitis vinifera

와인 제조 과정의 부산물인 포도씨 오일은 이름에서 알 수 있듯이 포도의 씨로부터 얻는다. 피부에 잘 흡수되며 피부의 세포막을 건강하게 하고 튼살의 흉터가 번지는 것을 막는 등 손상된 피부 조직의 회복을 돕기 때문에 화장품에 자주 쓰인다. 피부 흡수력이 좋아 베이스 오일로 아주 훌륭하다.

헴프시드 오일

Cannabis sativa

대마씨에서 추출하는 헴프시드 오일은 팔미톨레산, 올레산, 리놀레산, 감마리놀렌산 등을 포함한 불포화 지방산 함량이 높다. 인체가 필요로 하는 필수 지방산을 보충해 주기 때문에 화장품 제조에 널리 쓰인다. 헴프시드 오일은 염증과 습진, 건선의 증상을 완화시킨다.

호호바

올리브

해바라기씨

호호바 오일

Simmondsia chinensis

미국 애리조나주, 캘리포니아주, 멕시코주의 사막이 원산지인 관목에서 얻는 호호바 오일은 사실은 호호바의 씨앗에서 얻는 액상의 왁스이다. 호호바 오일은 인체에서 분비되는 피지와 비슷해서 아주 잘 흡수되기 때문에 페이스 팩이나 헤어 케어 제품에 사용하기에 이상적이다. 단백질과 미네랄이 풍부해서 습진과 건선, 건성 피부, 민감성 피부를 진정시키는 데 좋다. 호호바 오일은 냉장 보관하면 고체화되기 때문에, 사용하기 몇 시간 전에 냉장고에서 꺼내 실온에 두어야 한다.

올리브 오일

Olea europaea

주로 지중해에서 많이 자라는 올리브 오일은 품질에 따라 녹색에서 갈색까지 다양한 색을 띤다. 올레산, 비타민 A, K, E(천연 항산화제)와 여러 가지 중요한 비타민, 미네랄 성분이 풍부한 지방산 복합체이다. 올리브 오일은 화상과 염증, 관절염, 상처와 건조한 피부를 진정시키는 데 도움을 준다. 또한 영양이 풍부한 베이스 오일이다.

복숭아씨 오일

Prunus persica

복숭아씨 오일은 피부에 잘 스며들기 때문에 베이스 오일로 아주 훌륭하다. 스윗 아몬드 오일과 성질이 매우 비슷하다.

해바라기씨 오일

Helianthus annuus

비타민 A, D, E, 각종 미네랄, 레시틴과 필수 지방산이 가득 들어 있어서 노화 피부와 건성 피부 또는 손상된 피부나 민감한 피부를 진정시킨다. 베이스 오일로 훌륭하다.

스윗 아몬드 오일

Prunus dulcis

스윗 아몬드 열매의 씨를 압착하여 얻는 오일로, 아주 오랜 옛날부터 귀하게 쓰였다. 비타민 A, B_1, B_2, B_6와 E를 함유하고 있다. 피부에 영양을 공급하고 자극받은 피부를 진정시키며 외부 자극으로부터 보호하고 건조한 부위를 부드럽게 하는, 베이스 오일로서의 기능이 탁월한 오일이다.

치료 성분을 가진 고가의 오일들

가격이 높은 인퓨즈드 오일을 스크럽이나 팩, 랩 등에 혼합해 사용하면 더 많은 치료 또는 치유 효과를 기대할 수 있다.

이 오일들은 대부분 페이스 팩이나 스크럽에 직접 사용하는 것도 가능하고 페이스 팩의 액티베이터로도 사용할 수 있다.

아르간 오일

Argania spinosa

아주 오랜 옛날부터 인류가 이용해 온 아르간 열매의 씨를 인력으로 압착하여 오일을 추출한다. 아르간 오일은 지방산과 비타민 E를 포함하고 있다. 특히 비타민 E는 강력한 항산화 성분인 동시에 피부에 영양을 공급하고 보호해 탄력을 유지해 주고 흉터나 주름이 생기는 것을 막아 준다.

아니카 오일

Arnica montana

운동을 한 후 근육 마사지나 목욕할 때 쓰기에 이상적이다. 관절염, 류머티즘, 타박상, 부종, 근육통, 요통, 관절통, 인대나 연골의 염증 등에도 쓰인다.

아보카도 오일

Persea gratissima

아보카도 오일은 피부에 빨리 흡수되며, 햇빛에 손상된 피부나 수분이 부족한 피부, 습진이나 건선을 다스리는 데 흔히 쓰인다. 피부를 부드럽게 하며 보습력이 뛰어나 노화된 피부를 되살리는 데 이상적인 오일이다.

블랙커런트 씨앗 오일

Ribes nigrum

비타민과 인체에 꼭 필요하지만 체내에서 생성되지 않는 지방산인 감마리놀렌산 풍부하다. 얼굴에 사용하는 제품에 아주 좋은 첨가물이다.

보리지 오일

보리지 오일

Borago officinalis

보리지 오일은 보리지의 씨앗으로부터 얻는다. 감마리놀렌산이 풍부하며 건선이나 염증 같은 피부 질환, 관절염, 습진을 완화시키고 건조한 피부에 수분을 공급한다.

카렌듈라 오일

Calendula officinalis

연한 주황색 꽃잎을 가진 카렌듈라는 예부터 벤 상처나 찔린 상처, 피부가 까진 상처 등 소소한 피부 트러블을 치료하는 약으로 쓰여 왔다. 카렌듈라 오일은 대표적인 인퓨즈드 허브 오일로, 피부 상태를 개선하는 데에도 효과가 높다. 여드름, 일광 화상을 완화시킬 뿐만 아니라, 무좀, 구내염, 기타 진균성 피부 질환을 가라앉힌다. 감염이 확산되는 것을 막고 세포 재생을 촉진시킨다.

캐럿 티슈 오일

달맞이꽃

헤이즐넛

캐럿 티슈 오일(당근 오일)

Daucus carota

황금빛이 도는 주황색 오일로, 당근의 과육을 베이스 오일에 담가 우려 낸 인퓨즈드 오일이다. 베타카로틴과 비타민의 함량이 매우 높아 강력한 항산화 작용을 하므로 세포 재생 능력이 뛰어나며 건조하고 메마른 노화 피부에 매우 좋은 오일이다. 직물에 묻으면 얼룩이 남을 수 있으므로 주의해야 한다.

피마자유

Ricinus communis

피마자 열매에서 얻는 이 오일은 피부에 수분을 공급하고 오염 물질로부터 피부를 보호한다. 일광 화상, 화상, 자상, 피부 염증을 다스리며 염증과 근육통을 누그러뜨린다.

달맞이꽃 종자유

Oenothera biennis

연한 노란색 오일로, 달맞이꽃의 씨앗에서 얻는다. 감마리놀렌산 또는 오메가6가 다량 함유되어 있어, 습진, 건선, 건조한 피부를 진정시키는 데 도움을 준다. 피부 노화를 예방하는 효과가 뛰어나기 때문에 화장품에도 많이 쓰인다.

아마씨 오일

Linum usitatissimum

천연 항산화제인 비타민 E와 오메가3 함유량이 높은 옅은 갈색의 오일이다. 이 성분들은 피부를 건강하게 하고 영양분을 공급한다. 항염증 성분이 많아서 흉터나 튼살 자국, 피부 홍조, 습진, 여드름, 건선의 흔적을 줄여 준다.

헤이즐넛 오일

Corylus americana

북유럽에서 많이 자라는 헤이즐넛 나무(개암나무)는 비타민과 티아민(비타민 B_1), 비타민 B_6가 풍부한 오일을 생산한다. 이 성분들은 피부 연화 작용이 뛰어나 건조하고 손상된 피부를 치료하고 햇빛을 막는 작용을 하기 때문에 선 케어 제품에 많이 쓰인다.

그레이프프루트

마카다미아넛

석류

그레이프프루트 오일

Citrus grandis

점도가 높은 짙은 갈색으로, 그레이프프루트의 씨앗과 껍질에서 얻는다. 박테리아나 다른 미생물의 성장을 억제하는 천연 살균제로 알려져 있다. 스킨케어, 피부 상태의 개선이나 치료를 위한 스크럽에 쓰인다.

쿠쿠이넛 오일

Aleurites moluccana

하와이 원주민들이 오랜 옛날부터 건조하고 노화되거나 손상된 피부를 치료하고 보습과 영양을 공급하기 위해 썼다. 항산화제인 비타민 A, C, E를 함유하고 있으며, 일광 화상과 습진, 건선 등을 완화시키고 건조하고 예민한 피부를 편안하게 해 준다.

마카다미아넛 오일

Macadamia ternifolia

우리 피부에서 분비되는 피지, 즉 피부의 천연 오일과 매우 유사한 물질인 팔미톨레인산의 함량이 매우 높다. 건조하고 노화된 피부에 활기를 주고 튼살이나 화상 흉터를 줄여 준다.

패션플라워(시계꽃) 오일

Passiflora incarnata

시계꽃의 열매와 씨앗으로부터 얻는 이 오일은 리놀레산 함량이 높아 피부의 탄력을 회복하는 데 도움을 준다. 항산화제 함량이 높아 가려움증이 있는 피부나 두피를 치료하고, 항박테리아제로도 활용도가 높다. 얼굴용 기초 화장품 성분으로 이상적인 오일이다.

석류씨 오일

Punica granatum

석류씨에는 활성 산소를 제거하고 피부의 노화를 억제하는 항산화 성분이 가득 들어 있다. 또한 피부 세포의 재생을 돕고 표피에 영양을 공급해 피부의 탄력을 높인다. 석류씨 오일은 보습과 치유 작용으로 건조하고 갈라진 노화 피부를 치유하고 주름살이나 일광 화상을 가라앉힌다.

라즈베리

쌀겨

로즈힙

라즈베리 씨앗 오일

Rubus idaeus

라즈베리 열매의 씨앗으로부터 얻는 붉은색의 오일로, 뛰어난 항산화제이다. 손상된 피부의 재생에 중요한 역할을 하는 필수 지방산과 비타민 E의 함량이 높다. 항염증 성분이 많아서, 피부 기초 화장품의 원료로 효용이 높고, 습진, 발진, 열이 많거나 자극에 약한 피부를 잘 다스린다. 라즈베리 씨앗 오일은 천연 자외선 차단제로, 선 블록 또는 선 스크린 제품에 좋은 원료가 된다. 고가의 오일이지만, 얼굴에 소량 사용하면 효과적이다.

미강유

Oryza sativa

쌀눈과 쌀겨로부터 추출하는 미강유는 순하고 부드러운 성질을 갖고 있어서 일본에서는 오랜 옛날부터 노화 피부나 민감성 피부의 보습과 보호에 쓰였다. 필수 지방산과 비타민 E 함유량이 높아 항산화 작용이 뛰어나다. 올레산과 리놀레산이 풍부해 염증과 피부 건조증, 피부 노화를 막는다.

로즈마리 오일

Rosmarinus officinalis

로즈마리 오일은 향긋한 로즈마리에서 추출하며, 항산화 성분이 풍부하고 스크럽을 만들 때 첨가하면 사용 기간을 연장할 수 있다.

로즈힙 오일

Rosa canina fruit oil 또는 *Rosa moschata*

로즈힙 열매에서 추출하는 오일로, 비타민 E 함량이 매우 높다. 레티놀(비타민 A)도 풍부해서 피부 노화를 지연시키는 효과가 있다. 피부 세포 재생 효과가 뛰어나고, 건조하거나 손상된 피부를 치료하며 색소 침착과 튼살 자국을 완화하는 데 도움을 주기 때문에 스킨케어 제품에 많이 쓰인다. 얼굴 피부를 가꾸는 데 이상적인 오일이다.

세인트존스 워트

세인트존스 워트 오일

Hypericum perforatum

세인트존스 워트 허브를 우려 낸 인퓨즈드 오일에는 살균 소독과 진통 효과가 있다. 신경통, 좌골신경통, 요통, 대상포진 등을 다스리는 데 도움을 준다. 이 오일은 일광 화상, 화상, 피부 손상, 상처와 피부궤양을 치료하는 데도 쓰인다. 습포 형태의 팩을 만들 때 효과적인 오일이다.

딸기씨 오일

Fragaria vesca 또는 *Fragaria ananassa*

자연에서 찾을 수 있는 가장 강력한 항산화제의 하나인 이 오일은 감마토코페롤의 함량이 매우 높고 리놀레산, 알파리놀레산, 올레산 등의 필수 지방산이 풍부해 항노화 작용이 탁월하다. 가벼운 느낌에 은은한 향이 있고, 피부를 부드럽게 하는 기능이 뛰어나 건조하거나 손상된 피부를 진정시키는 데 효과적이다. 얼굴을 위한 화장품 원료로 이상적이다.

비타민 E 오일

Tocopherol

여러 종류의 과일과 채소에 들어 있는 지용성 항산화제로, 피부 세포를 손상시키는 활성 산소로부터 피부를 보호한다. 오염 물질이나 튀긴 음식, 흡연, 스트레스, 일광욕, 감염 등이 활성 산소의 주요 원인으로 알려져 있다. 비타민 E는 또한 튼살 흉터, 검버섯, 흉터, 피부의 건조와 노화를 막아 피부를 젊고 건강하게 지켜 준다. 이 오일은 진하고 점도가 높아서 제품의 성분을 강화하거나 산화를 막는 용도로 소량씩만 사용한다.

맥아

맥아유

Triticum vulgare

맥아유는 보리의 씨눈에서 추출하며, 필수 지방산과 비타민 A, D, E, 리놀레산(오메가6)이 풍부하다. 건조하거나 갈라진 피부에 효과적이며, 항산화 성분이 많아 피부의 독소를 배출하고 환경 오염으로부터 피부를 보호하는 기능이 있다. 일광 화상으로부터 회복하는 데 도움을 주고 민감하고 수분이 부족한 피부에 영양과 수분을 공급해 주는 스킨 컨디셔닝 오일이다.

레시피

자연에서 찾은 최고의 영양 성분으로 피부를 눈부시게 가꾸자.
달콤한 흑설탕으로 얼굴이나 몸을 문지르고, 꿀의 보습력으로 피부를 부드럽고 유연하게 만들자.

벌꿀 스크럽

27-29쪽의 기본 내용을 참고한다.

재료

흑설탕 3TS
꿀 2TS(30ml)
스윗 아몬드 오일 2TS(30ml)
귀리기울(귀리겨) 2TS

만들기

모든 재료를 커다란 볼에 넣고 잘 섞는다. 보관 용기에 옮겨 담는다. 물기가 완전히 마르기 전에 피부에 부드럽게 문질러 각질을 제거한다. 따뜻한 물로 씻어 낸 다음 보습제를 바른다.

보관

냉장고에 보관하면 2-3주 정도 사용할 수 있다.

어떤 피부 타입에도 어울리는 페이스 팩으로, 건성 피부나 트러블 피부에 특히 효과적이다.
수분 보충, 살균, 치유 효과까지 갖고 있는 꿀에 단백질이 풍부한 달걀노른자까지 더하면 금상첨화.

허니 파이 팩

35-36쪽의 기본 내용을 참고한다.

재료

마누카 꿀(일반 꿀도 가능) 1TS(15ml)
달걀노른자 1개
보리지 오일 1/4ts (1.25ml)

만들기

달걀노른자를 거품기로 저어 거품을 낸 다음, 나머지 재료를 섞는다. 깨끗하게 세안한 얼굴에 골고루 바른 후, 15분 정도 후에 따뜻한 물로 씻고 보습제를 바른다.

보관

이 페이스 팩은 금방 신선도가 떨어지므로, 사용하고 남은 것은 버린다.

복숭아씨 가루로 만든 핸드 스크럽. 복숭아 오일은 피부의 세포를 재생시키고 활력을 주는 뛰어난 각질 제거제이다. 스크럽을 저장 용기에 담아 싱크대 주변에 놓고 매주 한 번씩 손을 부드럽게 가꿔 보자.

복숭아 스크럽

27-29쪽의 기본 내용을 참고한다.

재료

황설탕 150g

복숭아씨(또는 살구씨나 올리브) 가루 25g

복숭아 (또는 스윗 아몬드) 오일 125g

복숭아 프래그런스 오일 40방울 (2ml)

주의: 피부가 민감하거나 거친 질감의 스크럽을 원치 않는다면, 복숭아씨 가루는 빼고 만든다.

만들기

모든 재료를 볼에 한꺼번에 담아 잘 섞은 후에 보관 용기에 옮겨 담는다. 사용할 때에는 젖은 피부에 마사지하듯이 바르고 따뜻한 물로 씻어 낸다. 복숭아씨 가루나 살구씨 가루, 올리브 가루 중에서 어떤 것도 구할 수 없다면, 황설탕을 25g 정도 더 첨가하면 비슷한 효과의 스크럽을 만들 수 있다.

보관

보관 용기에 담아 냉장 보관하면 2-3주 사용할 수 있다.

점도가 높아 끈적끈적한 형태의 팩으로, 삔 상처나 멍든 피부, 흉터, 피부 염증, 잡티 등을 완화하는 데 쓸 수 있다. 자신이 가진 피부 고민에 맞춰 다양한 허브로 자신만의 팩을 만들어 보는 것도 좋다.

힐링 허브 팩

34-35쪽의 기본 내용을 참고한다.

재료

카올린(화이트) 클레이 3TS

벤토나이트 클레이 3TS

인삼 가루 1TS

캐모마일 가루 1TS

컴프리 뿌리 가루 1TS

사용할 때 첨가하는 재료: 카렌듈라 오일 - 모든 재료를 부드러운 페이스트 상태로 혼합할 수 있을 정도의 분량

만들기

모든 재료를 하나의 볼에 담고 스푼이나 거품기로 섞는다.

사용하기 직전에 카렌듈라 오일(또는 물)을 조금씩 섞어서 원하는 점도로 완성한다. 깨끗한 피부에 골고루 바르고 1분 정도 기다렸다가 따뜻한 물로 씻어 내고 보습제로 마무리한다.

보관

가루 혼합물은 밀폐 용기에 보관하면 18개월까지 사용할 수 있다.

유분이 많아 오염 물질이 잘 달라붙는 지성 피부에는 슈가 스크럽이 좋다. 레몬즙의 구연산은 오염 물질과 유분을 제거하고, 꿀은 항박테리아와 보습에 효과적이다. 또 올리브 오일은 피부에 영양을 공급한다.

레몬 슈가 스크럽

27-29쪽의 기본 내용을 참고한다.

재료

흰설탕 300g

레몬즙 3TS(45ml)

올리브 오일 2TS(30ml)

마누카 꿀(또는 보통 꿀) 2TS(30ml)

만들기

모든 재료들을 한꺼번에 볼에 담고 잘 섞은 후 보관 용기에 담는다. 사용할 때에는 젖은 피부에 마사지하듯 바르고 따뜻한 물로 씻어 낸다.

보관

냉장 보관하면 2-3주 정도 페이스 및 바디 스크럽으로 사용할 수 있다.

클레이는 피부에 좋은 미네랄과 미량 원소, 여러 가지 영양 성분을 함유하고 있는 자연의 선물이다. 클레이 딥 클렌징 레시피는 피부 속 독소들을 제거해 피부를 깔끔하게 하고 탄력을 유지시켜 준다.

클레이 딥 클렌징 팩

34-35쪽의 기본 내용을 참고한다.

재료

산성백토 3ts

벤토나이트 클레이 3ts

사용할 때 첨가하는 재료: 우유 또는 산양유 1ts(5ml)

주의: 민감성 피부 또는 심한 건성 피부에는 사용하지 않는다.

만들기

산성백토와 벤토나이트 클레이를 볼에 담은 후 스푼이나 거품기로 저어 섞는다. 사용하기 직전에 1ts(5ml)의 우유 또는 물을 첨가해 페이스트 상태로 만들어 사용한다. 세안 후 얼굴에 바르고 15분 후 따뜻한 물로 씻어 낸다. 보습제를 바른다.

보관

가루 혼합물은 밀폐 용기에 보관시 18개월까지 사용 가능하다.

사해에서 직접 얻은 고농도 미네랄 성분으로 피부의 죽은 세포들을 벗겨 내자.
풍부한 마그네슘 성분이 피부에 수분을 공급하고 염증을 막는다.

사해 스파 스크럽

27-29쪽의 기본 내용을 참고한다.

재료

사해 소금 500g
올리브 오일 250g
사해 머드 1TS
로즈마리 에센셜 오일 1/2ts(2.5ml)
유칼립투스 에센셜 오일 1/2ts(2.5ml)

만들기

모든 재료들을 볼에 담아 섞은 후, 보관 용기에 옮겨 보관한다.
젖은 피부에 마사지하듯이 바른 후 따뜻한 물로 씻어 낸다.

보관

냉장 보관할 경우 2-3주 정도 사용할 수 있다.

사해 머드는 피부 상태를 개선하거나 회복시키는 독특한 효능을 가지고 있다. 불순물을 흡착해 제거하고, 모공을 축소시키며 피부를 탄력있고 화사하게, 부드럽게 만들어 한층 젊은 피부로 가꾸어 준다.

미네랄 머드 팩

34-35쪽의 기본 내용을 참고한다.

재료

카올린 클레이 4TS
사해 클레이(가루) 4TS

사용할 때 첨가하는 재료: 사해 소금을 생리 식염수에 가까운 농도로 녹인 식염수 1ts(5ml)

팁: 드라이 클레이 대신 젖은 상태의 사해 머드를 사용하는 것도 좋다. 사해 머드 그 자체로 팩처럼 사용한다.

만들기

모든 재료를 섞어서 스푼이나 거품기로 혼합해 보관 용기에 옮겨 담는다. 사용할 때 식염수를 첨가해 걸쭉한 페이스트로 만든다. 세안한 후 얼굴에 바르고 15분 뒤 따뜻한 물로 씻어 내고 보습제를 바른다.

보관

가루 혼합물은 밀폐 용기에 보관하면 18개월까지 사용 가능하다.

귀한 식물성 기름으로 피부를 가꾸어 보자. 로즈 제라늄과 패출리는 피부의 상태를 개선시키고, 아몬드 오일과 로즈힙 오일은 튼살이나 흉터를 줄여 준다.

인리치 바디 스크럽

28-29쪽의 기본 내용을 참고한다.

재료

고운 천일염 500g
스윗 아몬드 오일 190g
로즈힙 오일 1TS(15ml)
로즈 제라늄 에센셜 오일 1 ½ts(7.5ml)
패출리 에센셜 오일 1/2ts(2.5.ml)

만들기

모든 재료를 한꺼번에 볼에 담아 잘 혼합한 후 보관 용기에 옮겨 담는다. 샤워 후 젖은 피부에 이 바디 스크럽을 문지르고 따뜻한 물로 씻어 낸다.

보관

냉장고에 보관하면 2-3개월 사용할 수 있다.

열대 과일 특유의 성분들은 건조하고 연약해 민감한 피부를 진정시키는 효과가 있다. 향기로운 열대 과일은 피부의 탄력을 회복하고 재생하는 데 도움을 주는 각종 비타민과 미네랄의 보고이다.

열대 과일 팩

34-35쪽의 기본 내용을 참고한다.

재료

카올린 클레이 4TS

망고 가루 2TS

바나나 가루 1TS

분유 2TS

꿀 가루 1TS(선택)

사용할 때 첨가하는 재료: 열대 과일즙(파인애플, 망고, 오렌지) 1ts(5ml)

팁: 위의 과일들의 가루를 구할 수 없을 경우에는 생과일을 갈거나 으깨서 꿀과 섞어도 좋다.

만들기

각각의 가루 재료들을 하나의 볼에 담고 스푼이나 거품기로 저어서 잘 섞는다. 사용할 때 티스푼으로 한 스푼 듬뿍 덜어 낸 가루 재료에 과일즙(또는 물)을 1ts(5ml) 정도 첨가해서 페이스트 상태로 만들어 세안한 얼굴에 바른다. 15분 후 따뜻한 물로 씻어 내고 보습제를 바른다.

보관

가루 혼합물은 냉장고에 보관하면 18개월까지 사용할 수 있다.

**간지러운 발가락을 시원하게 해 줄 스크럽. 죽은 피부를 제거하는 동시에 보습을 해 준다.
여기에 쓰이는 에센셜 오일들은 항박테리아, 항진균 성분들을 갖고 있어서 발을 깨끗하고 시원하게 유지시킨다.**

무좀용 풋 스크럽

28-29쪽의 기본 내용을 참고한다.

재료

천일염 250g
그린 클레이 1TS
스윗 아몬드 오일 125g
티트리 에센셜 오일 20방울(1ml)
페퍼민트 에센셜 오일 20방울(1ml)
속돌 가루 2TS(선택)
수세미 가루 2TS(선택)

만들기

모든 재료들을 한꺼번에 볼에 담고 잘 섞은 후 보관 용기에 옮겨 담는다. 사용하기 전에 발을 따뜻한 물에 5-10분 정도 담가 충분히 적신 후에 젖은 피부에 이 스크럽을 마사지하고 따뜻한 물로 씻어 낸다.

보관

냉장 보관하면 2-3주까지 쓸 수 있다.

주의: 사용하기 전에 속돌 가루를 골고루 혼합해 주어야 한다.

풋 스크럽으로 각질을 제거한 후 이 풋 팩을 하면 부드럽고 건강한 발을 가꿀 수 있다. 레몬 껍질 가루는 금방이라도 아름다운 춤을 출 듯한 향기로운 발로 만들어 준다.

레몬 클레이 풋 팩

34-35쪽의 기본 내용을 참고한다.

재료

옐로우 클레이 3TS
카올린 클레이 3TS
레몬 껍질 가루 1TS(선택)

사용할 때 첨가하는 재료:

티트리 에센셜 오일 2 방울
라벤더 에센셜 오일 2방울
세인트존스 워트 오일 1TS(15ml) 또는 물

만들기

건조한 가루 재료들을 한꺼번에 볼에 담아 스푼이나 거품기로 저어 잘 섞은 후, 보관 용기에 옮겨 담는다. 사용할 때 이 혼합물 1TS에 액상 재료(세인트존스 워트 오일이나 물, 에센셜 오일)를 섞어 페이스트로 만든다. 깨끗한 발과 발목까지 잘 펴서 바르고, 15분 후에 따뜻한 물로 씻어 낸 다음 보습제를 바른다.

보관

가루 혼합물은 밀폐 용기에 18개월까지 보관할 수 있다.

얼굴과 손, 건조하고 민감한 다른 신체 부위까지 진정시켜 주는 팩. 카올린 클레이는 순하고 부드러운 세정 작용을 하고 우유는 늙은 피부 세포를 가볍게 제거해 부드럽고 유연한 피부로 만든다.

도자기 피부 팩

34-35쪽의 기본 내용을 참고한다.

재료

카올린 클레이 12TS

분유(또는 버터밀크/요거트/산양유 가루) 6TS

사용할 때 첨가하는 재료:

캐모마일 에센셜 오일 2방울

라벤더 워터 약 1ts(5ml)

팁: 메인 레시피를 4등분하면 1회 사용분이 나온다.

만들기

건조한 가루 재료들을 볼에 담아 스푼이나 거품기로 저어 잘 섞은 후, 보관 용기에 옮겨 담는다. 사용할 때 가루 재료들을 적당량 덜어 내 라벤더 워터(또는 물), 캐모마일 에센셜 오일과 섞어 페이스트 상태로 만든다. 세안 후 피부에 바르고 15분 후에 따뜻한 물로 씻어 낸 후 보습제를 바른다.

보관

가루 혼합물은 밀폐 용기에 담아 18개월까지 보관할 수 있다.

추운 겨울, 바디 스크럽으로 피부를 자극하고 따뜻하게 해 언 몸을 녹이고 순환을 촉진한다. 스크럽을 마무리한 후 몸을 따뜻하게 감싸고 불가에 앉아 따뜻한 김이 피어오르는 코코아 한 잔을 즐기자.

윈터 바디 스크럽

28-29쪽의 기본 내용을 참고한다.

재료

흑설탕 80g
올리브 오일 80g
계피 가루 1ts
만다린 에센셜 오일 1/2ts(2.5ml)
생강 에센셜 오일 10방울(0.5ml)
블랙 페퍼 에센셜 오일 10방울(0.5ml)

주의: 민감성 피부에는 사용하지 않는다.

만들기

모든 재료를 볼에 담아 잘 섞은 후, 보관 용기에 옮겨 담는다.
필요할 때 젖은 피부에 마사지하고 따뜻한 물로 씻어 낸다.

보관

냉장고에 2-3주 가량 보관 가능하다.

모로코의 아틀라스 산맥에서 채취하는 라솔 클레이는 기특한 흡착력을 가지고 있다. 고대 로마인과 이집트인도 딥 클렌저로 애용했던 성분으로, 피부뿐만 아니라 모발의 컨디셔닝에도 효과가 뛰어나다.

라솔 클레이 팩

34-35쪽의 기본 내용을 참고한다.

재료

라솔 클레이 3TS
벤토나이트 클레이 TS

사용할 때 첨가하는 재료:
프랭킨센스 에센셜 오일 1방울
라벤더 에센셜 오일 1방울
아르간 오일 약 1ts(5ml)

주의: 건성 피부에는 사용하지 않는다.

만들기

클레이 두 종류를 한꺼번에 담아 스푼이나 거품기로 저어 섞은 후 보관 용기에 옮겨 담는다. 사용할 때 아르간 오일(또는 물)과 에센셜 오일을 섞어 페이스트 상태로 만든다. 세안한 뒤 얼굴에 바르고 15분 정도 두었다가 따뜻한 물로 씻어 내고 보습제를 바른다. 이 레시피는 분량을 두 배 정도 늘려서 헤어 팩 또는 두피 팩으로도 쓸 수 있다.

보관

가루 혼합물은 밀폐 용기에 18개월까지 보관 가능하다.

초콜릿은 달콤한 맛도 매력적이지만, 피부에 영양을 공급하고 부드럽게 진정시키는 컨디셔닝 효과도 매력적이다. 갈색의 초콜릿 바디 스크럽으로 은은한 광채와 달콤한 향기를 풍기는 피부를 가꿔 보자.

초콜릿 바디 스크럽

28-29쪽의 기본 내용을 참고한다.

재료

흑설탕 150g
호호바 오일 50g
유기농 코코아 가루 1TS
만다린 에센셜 오일 1ts(5ml)

만들기

모든 재료를 한꺼번에 볼에 담아 스푼이나 거품기로 저어 섞은 후 보관 용기에 옮겨 담는다. 필요할 때 젖은 피부에 마사지하듯이 문지르고 따뜻한 물로 씻어 낸다. 사용한 설탕 입자나 개인적인 기호에 따라 호호바 오일을 더 첨가할 수 있다.

보관

냉장 보관 시 2-3주까지 사용 가능하다.

초콜릿 가루는 항산화 성분이 풍부해 활성 산소나 오염 물질에 의한 피부 손상을 감소시키는 데 도움을 준다. 어쩌다 실수로 이 맛있는 팩이 입 안에 흘러들더라도 그저 쓱! 핥아 먹으면 그만이다.

허니 초콜릿 팩

34-35쪽의 기본 내용을 참고한다.

재료

유기농 코코아 가루 2TS

꿀 1TS(15ml)

더블 크림 1TS(15ml)

만들기

모든 재료를 작은 볼에 담아 잘 혼합한다. 깨끗이 세안한 뒤, 얼굴에 펴 바른다. 15분 후에 따뜻한 물로 씻어 내고 보습제를 바른다.

보관

남은 것은 나중에 다시 사용할 수 없다. 사용할 만큼만 만든다.

이른 아침에 사용하기 좋은 부드러운 타입의 스크럽이다. 오트밀은 자극을 받아 따끔거리거나 염증, 가려움증을 일으킨 피부를 가라앉히는 데 좋다. 오래전부터 반점, 여드름, 피부 트러블을 치료하는 데 쓰였다.

오트밀 스크럽

27쪽의 기본 내용을 참고한다.

재료

조당 6TS

곱게 간 오트밀 6TS

사용할 때 첨가하는 재료: 우유 또는 산양유-부드러운 페이스트 상태로 만들기에 적당한 양

주의: 얼굴에만 사용할 경우에는 각 재료의 양을 1/3로 줄여서 만든다.

만들기

오트밀을 믹서에 곱게 간다. 건조 재료들을 볼에 담아 잘 혼합한 뒤, 보관 용기에 옮겨 담는다. 사용할 때 우유를 첨가해 페이스트 상태로 만든다. 얼굴이나 몸의 젖은 피부에 마사지하고 따뜻한 물로 씻어 낸다.

보관

가루 혼합물은 밀폐 용기에 보관하면 2-3주까지 사용 가능하다.

**냉장고와 주방에 늘 있는 재료로 만드는, 값싸면서도 효과 빠른 페이스 팩이다.
건조하고 주름이 생긴 노화 피부에 좋은 비타민과 미네랄이 풍부하게 들어 있다.**

목장 우유 팩

35쪽 내용을 참고한다.

재료

달걀노른자 1개

전지 우유로 만든 그릭 요거트(또는 진한 요거트) 1TS(15ml)

만들기

재료를 작은 볼에 담아 잘 섞는다. 깨끗하게 세안한 후, 팩을 바른다. 15분 후, 따뜻한 물로 씻어 내고 보습제를 바른다.

보관

남은 것은 나중에 다시 사용할 수 없다. 사용할 만큼만 만든다.

독소를 배출하고 셀룰라이트를 감소시키는 데 도움을 주는 훌륭한 토닝 바디 스크럽. 엡섬 솔트는 피부의 독소를 흡착하고 레몬과 그레이프프루트는 피부의 활력을 되살리는 성분을 갖고 있다.

레몬 바디 스크럽

28-29쪽의 기본 내용을 참고한다.

재료

엡섬 솔트 250g

스윗 아몬드 오일 100g

레몬 에센셜 오일 20방울(1ml)

그레이프푸르트 에센셜 오일 20방울(1ml)

만들기

모든 재료를 볼에 담아 잘 섞은 후 보관 용기에 옮겨 담는다.

젖은 피부에 마사지하고 따뜻한 물로 씻어 낸다.

보관

냉장 보관하면 2-3주 정도 사용할 수 있다.

제철 딸기보다 맛있는 것이 또 있을까. 잘 익은 딸기 한두 알이 있다면, 그것만으로도 간편하게 일석삼조(클렌징, 소프닝, 리프레싱)의 기능을 가진 페이스 팩을 만들 수 있다.

딸기 크림 팩

36쪽의 기본 내용을 참고한다.

재료

잘 익은 딸기 두 알
진한 크림 1TS(15ml)
꿀 2ts(10ml)
아몬드 가루 2TS

만들기

잘 익은 딸기를 포크나 핸드 블렌더로 걸쭉한 페이스트 상태가 될 때까지 으깨서 나머지 재료들과 혼합한다. 세안한 후 이 페이스 팩을 바르고 15분 정도 휴식을 취한다. 각질 제거 효과까지 얻고 싶다면, 따뜻한 물로 씻어 내기 전에 부드럽게 문지른다. 잔유물 없이 씻어 낸 후 보습제로 마무리한다.

보관

남기지 말고 모두 사용하거나 남은 것은 버린다.

과일은 좋은 식품일 뿐만 아니라 각질 제거제로서도 손색이 없다. 과일의 씨앗은 불필요한 피부 세포를 부드럽게 제거하고, 싱싱하고 새로운 세포로 그 자리를 채워서 빛나는 피부로 가꿔 준다.

라즈베리 클레이 스크럽

27쪽의 기본 내용을 참고한다.

재료

카올린 클레이 100g

라즈베리 가루 2ts

라즈베리 씨앗 100g

팁: 라즈베리 가루나 씨앗이 없다면, 크렌베리나 딸기로 대체할 수 있다.

만들기

모든 재료들을 볼에 한꺼번에 담고 스푼이나 거품기로 저어서 골고루 섞은 후 보관 용기에 옮겨 담는다. 사용할 때 적당량을 덜어 물이나 우유, 오일을 2-3TS 섞어서 페이스트 상태로 만든다. 세안 후 얼굴에 부드럽게 문질러 각질을 제거한다. 따뜻한 물로 씻어 내고 보습제로 마무리한다.

보관

가루 혼합물은 18개월까지 밀폐 용기에 보관할 수 있다.

아보카도와 알로에는 둘 다 보습력과 영양 성분이 뛰어나다. 이 두 가지를 함께 사용하면 수분이 부족하거나 햇볕에 탄 피부, 노화된 피부를 회복시킬 수 있다. 습진이나 건선도 완화시켜 준다.

아보카도 & 알로에 팩

36쪽의 기본 내용을 참고한다.

재료

잘 익은 아보카도 1/2개

알로에베라 젤 1ts(5ml)

만들기

잘 익은 아보카도를 포크로 찧어서 으깬 후 알로에베라 젤과 섞는다. 세안 후 얼굴에 바르고 15분 정도 기다린 후 따뜻한 물로 씻어 내고 보습제를 바른다.

보관

이 페이스 팩은 남기지 말고 한 번에 모두 사용해야 한다.

싱싱한 토마토와 오이는 피부를 깨끗하게 세정해 상큼하고 시원하게 해 준다.
토마토와 오이를 만난 피부는 밝고 화사해진다. 따가운 햇살에 오래 노출된 피부에 이상적인 레시피이다.

토마토 오이 팩

36쪽의 기본 내용을 참고한다.

재료

잘게 다진 토마토 1/2개
껍질을 벗기고 잘게 다진 오이 25g
아몬드 가루 2TS

팁: 싱싱한 토마토가 없다면, 토마토 주스나 토마토 페이스트로 대체한다.

만들기

토마토와 오이를 핸드 블렌더로 걸쭉하게 간 후 아몬드 가루를 섞는다. 세안 후 얼굴에 바르고 15분 간 그대로 두거나 부드러운 마사지로 각질을 제거한다. 따뜻한 물로 씻어 내고 보습제로 마무리한다.

보관

한 번에 모두 사용하고, 남은 것은 버리도록 한다.

녹차에는 강력한 항산화 성분과 비타민이 함유되어 있어서 손상된 세포를 회복시키고 주름과 잡티를 예방한다. 녹차를 마시고 녹차 페이스 팩으로 피부를 관리한다면 젊고 건강한 피부를 유지할 수 있다.

녹차 클레이 팩

34-35쪽의 기본 내용을 참고한다.

재료

카올린 클레이 3TS
그린 클레이 2TS
녹차 가루 1ts

사용할 때 첨가하는 재료: 미강유 약 1ts(5ml)

만들기

모든 건조 재료들을 볼에 담고 스푼이나 거품기로 저어 잘 혼합한 후 보관 용기에 옮겨 담는다. 사용할 때 티스푼으로 하나 가득 미강유를 섞어 페이스트 상태로 만든다. 미강유를 물로 대체해도 무방하다. 세안 후 얼굴에 바르고 15분 후 따뜻한 물로 씻어 낸다. 보습제로 마무리한다.

보관

건조 재료 혼합물은 18개월까지 보관 가능하다.

커피 향기로 가득한 바디 스크럽은 새로운 하루를 출발하기 위한 좋은 자극제이다.
카페인은 피부를 탄탄하게 해 주고 홍조를 막아 주며 셀룰라이트를 줄여 준다.

에스프레소 바디 스크럽

28-29쪽의 기본 내용을 참고한다.

재료

커피 가루 80g

흑설탕 80g

헴프시드 오일(또는 올리브 오일이나 스윗 아몬드 오일) 200g

만들기

모든 재료를 볼에 담아 혼합한 후 보관 용기에 옮겨 담는다. 젖은 피부에 부드럽게 마사지한 후 따뜻한 물로 씻어 낸다.

보관

냉장 보관 시 2-3주 정도 사용 가능하다.

핑크 클레이와 카올린 클레이는 민감성 피부나 연약한 피부에 이상적인 매우 순한 재료들이다. 로즈힙에는 천연 비타민 C가 풍부해 피부의 탄력과 건강을 유지하는 데 좋다.

순한 탄력 팩

34-35쪽의 기본 내용을 참고한다.

재료

핑크 클레이 2TS
카올린 클레이 1TS
로즈힙 가루 1/2ts
꿀 가루 1TS (선택)

사용할 때 첨가하는 재료:

달맞이꽃 종자유 1ts(5ml)
캐모마일 에센셜 오일 1방울
로즈 제라늄 에센셜 오일 1방울

만들기

모든 건조 재료들을 볼에 담고 스푼이나 거품기로 잘 섞은 후 보관 용기에 옮겨 담는다. 사용하기 직전에 건조 재료를 티스푼으로 듬뿍 떠서 달맞이꽃 종자유(또는 물)와 잘 섞은 후, 에센셜 오일을 첨가해 페이스트 상태로 만든다. 세안 후 얼굴에 바르고 15분 후 따뜻한 물로 씻어 낸다. 보습제로 마무리한다.

보관

건조 재료 혼합물은 18개월까지 사용 가능하다

비타민 E와 베타카로틴(당근에 많이 들어 있는)은 햇빛에 손상된 피부를 복구하고 보호하는 데 도움을 주는 항산화제이다. 라임에 들어 있는 비타민 C는 피부에 활력을 듬뿍 선물한다.

비타민 바디 스크럽

28-29쪽의 기본 내용을 참고한다.

재료

천일염 300g

포도씨 오일(올리브 오일이나 스윗 아몬드 오일로 대체 가능) 100g

비타민 E 오일 1ts(5ml)

캐롯 티슈 오일 1ts(5ml)

라임 에센셜 오일(또는 싱싱한 레몬즙/라임즙) 1ts(5ml)

만들기

모든 재료를 볼에 담고 잘 섞어서 보관 용기에 옮겨 담는다. 젖은 피부에 마사지하고 따뜻한 물로 씻어 낸다.

보관

2-3주 냉장 보관할 수 있다.

건강에 유익한 싱싱한 과일, 꿀과 올리브 오일로 얼굴에도 향연을 베풀어 보자.
사랑 넘치는 손길이 필요한 얼굴 피부에 충분한 보습과 영양을 공급해 주는 페이스 팩이다.

영양 과일 팩

36쪽의 기본 내용을 참고한다.

재료

잘 익은 바나나 1/2개
잘 익은 아보카도 1/4개
꿀 1ts(5ml)
엑스트라 버진 올리브 오일 1ts(5ml)

만들기

잘 익은 바나나와 아보카도를 포크나 핸드 블렌더로 으깬다.
올리브 오일과 꿀을 첨가해 부드러운 페이스트 상태로 만든다.
세안 후 얼굴에 펴 바르고 15분 후 따뜻한 물로 씻어 낸다.
보습제로 마무리한다.

보관

이 레시피는 보관했다가 재사용할 수 없다. 남김없이 사용하거나 남은 것은 버리도록 한다.

풍부한 미네랄과 해독 성분으로 얼굴과 온몸의 피부를 건강하고 매끄럽게 가꿔 주는 럭셔리 스파 트리트먼트. 사해 소금과 클레이는 여러 가지 효과적인 성분들을 가지고 있어서 피부를 최상의 컨디션으로 만들어 준다.

럭셔리 바디 랩

35쪽의 기본 내용을 참고한다.

재료

벤토나이트 클레이 150g
사해 소금(엡섬 솔트 또는 천일염) 50g
뜨거운 물 225ml
스윗 아몬드 오일(또는 올리브 오일) 2TS(30ml)

주의: 피부에 베거나 긁힌 상처가 있을 경우에는 소금물이 닿으면 따갑기 때문에 레시피에서 사해 소금을 빼고 물만 사용한다.

만들기

소금을 뜨거운 물에 녹인 뒤 클레이와 아몬드 오일을 섞는다. 물은 재료들이 진하고 부드러운 페이스트 상태로 섞일 때까지 첨가한다. 빈 욕조 안에 서서 얼굴과 온몸에 꼼꼼히 바르고, 포일 블랭킷, 얇은 타올이나 시트 등으로 몸을 감싼다. 이 상태로 욕조 안에 최소한 45분 이상 머물러 있다가 샤워로 씻어 낸다.

보관

이 레시피는 보관했다가 재사용할 수 없다. 남은 것은 버린다.

찾아보기

작가 소개

지은이 **일레인 스태버트**

TV 방송인이었던 일레인 스태버트는 영국 버킹엄셔의 아름다운 전원에 있는 농장에서 리틀보트 솝이라는 비누 회사를 차리고 새로운 삶을 시작했다. 키 작은 관목과 초원으로 둘러싸인 농장에서, 허브 재배와 아로마테라피에 심취한 일레인은 곧 환경친화적이고 피부 건강에 좋은 천연 세안용품, 목욕용품, 양초 등을 전형적인 영국식으로 만들었다. 자신의 제품에 대한 일레인의 열정은 순수한 천연 재료들과 전통적인 방법에 자신만의 상상력을 가미해 현대적으로 재탄생시킨 레시피에 그대로 녹아 있다.

옮긴이 **김은영**

이화여자대학교를 졸업했으며, 현재 어린이 도서와 교양 도서의 전문 번역가로 활동하고 있다. 취미로 천연 비누 만들기를 배우다가 강사 자격까지 딴 후, 아이들이나 동네 지인들과 천연 비누 만들기 수업을 즐겨 하고 있다.

옮긴 책으로 《먹지 마세요 GMO》《신, 무기, 돈》《희망의 밥상》《슬픈 옥수수》《인류사를 바꾼 위대한 과학》《아주 특별한 시위》《흰 기러기》《대지의 아이들》 Ⅰ, Ⅱ, Ⅲ, Ⅳ 등이 있다.

국내 재료 구입처

네이처 갤러리 http://www.ngallery.co.kr/

다인솝 http://www.dainsoap.co.kr

미인솝 http://www.miinsoap.com

버블뱅크 http://www.bubblebank.net

케이크솝 http://www.cakesoap.co.kr

허브누리 http://www.herbnoori.com

꿀광 피부를 위한 초간단 스킨케어
천연 팩&스크럽 30

초판 1쇄 인쇄 2019년 2월 20일
초판 1쇄 발행 2019년 2월 25일

지은이 일레인 스태버트
옮긴이 김은영
사진 메인, 14p 레베카 마더솔 | 레시피 과정 일레인 스태버트 | 10p orvalrochefort/Flickr.com | 11p 왼쪽 Szechenyi Gyogyfurdo | 11p 오른쪽 Asteas, Jastrow/National Archaeological Museum of Spain | 13p Lawrence Alma-Tadema (1836-1912)/ 개인 소장 | 14p Harpers Dictionary of Classical Antiquities | 15p 위 왼쪽 andreviegas/iStock/Thinkstock | 15p 위 오른쪽 Averain/Flickr.com | 15p 아래 Ritu Maoj Jethani/ Shutterstock | 16p big-ashb/Flickr | 17p Wystan/Flickr.com | 18p 알렉산더 카바넬(1823-1889) 그림, 벨기에 안트워프 왕립 예술박물관 소장 | 19p 위 Jean-Pierre Dalberga | 19p 아래 Golf Bravo

펴낸이 김명희
책임편집 이정은 | **디자인** 고문화
펴낸곳 다봄
등록 2011년 1월 15일 제395-2011-000104호
주소 경기도 고양시 덕양구 고양대로 1384번길 35
전화 070-4117-0120 | **팩스** 0303-0948-0120
전자우편 dabombook@hanmail.net

ISBN 979-11-850158-64-5 13590

이 도서의 국립중앙도서관 출판예정도서목록(CIP)은 서지정보유통지원시스템 홈페이지(seoji.nl.go.kr)와 국가자료공동목록시스템(www.nl.go.kr/kolisnet)에서 이용하실 수 있습니다.(CIP제어번호: CIP2019002310)